Ioana Stanciu

Reologia do amido

Ioana Stanciu

Reologia do amido

ScienciaScripts

Imprint

Any brand names and product names mentioned in this book are subject to trademark, brand or patent protection and are trademarks or registered trademarks of their respective holders. The use of brand names, product names, common names, trade names, product descriptions etc. even without a particular marking in this work is in no way to be construed to mean that such names may be regarded as unrestricted in respect of trademark and brand protection legislation and could thus be used by anyone.

Cover image: www.ingimage.com

This book is a translation from the original published under ISBN 978-620-7-64115-4.

Publisher:
Sciencia Scripts
is a trademark of
Dodo Books Indian Ocean Ltd. and OmniScriptum S.R.L publishing group

120 High Road, East Finchley, London, N2 9ED, United Kingdom
Str. Armeneasca 28/1, office 1, Chisinau MD-2012, Republic of Moldova, Europe
Printed at: see last page
ISBN: 978-620-7-74965-2

Conteúdo

Introdução

O amido é um dos estabilizadores alimentares funcionais e flexíveis mais utilizados para espessar e gelificar. Desde o início da história, os seres humanos sempre comeram alimentos ricos em amido derivados de sementes, raízes e tubérculos e desenvolveram a produção agrícola de cereais como a cevada, o arroz, o trigo ou o milho [1]. Atualmente, as maiores culturas produzidas industrialmente que são cultivadas para a extração de amido são a mandioca (tapioca), o milho (milho), a batata e o trigo; numa escala industrial mais limitada, são também produzidos arroz, ervilhas, batata-doce e feijão-mungo [2]. O amido na sua forma nativa é um produto versátil e a matéria-prima para a produção de muitas modificações, edulcorantes e etanol. Tem muitas aplicações na indústria não alimentar, por exemplo, como componente de muitos tipos de papel ou como material polimérico. Estes materiais poliméricos à base de amido desempenham um papel significativo devido ao facto de o amido poder ser produzido a partir de uma grande variedade de fontes, ser renovável anualmente e inerentemente biodegradável. Em misturas com polímeros sintéticos, o amido pode ser utilizado em embalagens, como materiais descartáveis, ou como revestimento de comprimidos [3]. Uma utilização mais comum do amido é a sua vasta aplicação na indústria alimentar para engrossar, gelificar, dar estabilidade, substituir ou alargar a utilização de ingredientes mais dispendiosos. O amido é também preferido pela sua disponibilidade, baixo custo e propriedades únicas. Para algumas aplicações, os amidos são inerentemente inadequados e, por isso, têm de ser modificados química ou fisicamente para melhorar os seus atributos positivos e minimizar os seus defeitos. Além disso, a mistura de hidrocolóides adequados pode também ultrapassar as deficiências dos amidos nativos, e estas combinações têm sido utilizadas em alimentos transformados desde, pelo menos, 1950 [4]. No entanto, a estrutura e as propriedades funcionais do amido ainda não são totalmente compreendidas, uma vez que cada amido é único em termos da sua organização granular e da estrutura dos polímeros que o constituem. Além disso, o comportamento dos amidos de diferentes fontes é limitado e nem todos os grânulos de uma única preparação de amido se comportam de forma idêntica. Em particular, a interação que tem lugar numa mistura de amido e hidrocolóide e o que acontece quando o amido e o hidrocolóide são aquecidos em conjunto ainda não são compreendidos. A investigação destes sistemas compósitos é atualmente uma tarefa difícil devido à complexidade dos sistemas, à variedade de estruturas granulares, aos polímeros de amido e às moléculas de hidrocolóides, bem como a uma forte dependência da preparação da pasta composta. Obviamente, há necessidade de um trabalho mais sistemático e fundamental sobre a formação estrutural e as propriedades reológicas em géis mistos de amido e hidrocolóides, para fornecer a base para a preparação e controlo da estrutura e textura de produtos formulados processados que contenham amido.

I. Tecnologia de fabrico do amido, da dextrina e da glucose

O amido é o homossacárido de reserva mais importante do reino vegetal e constitui uma matéria-prima importante tanto para a indústria alimentar como para a indústria química, têxtil, farmacêutica, etc. É uma mistura de dois polissacáridos denominados amilose e amilopectina

As dextrinas são obtidas através da degradação parcial do amido e, através da hidrólise, as suspensões de amido transformam-se em glucose, sendo ambos os tipos de produtos amplamente utilizados na produção de produtos alimentares.

I.1. Fabrico de amido e de fécula

As matérias-primas utilizadas no fabrico de amido são geralmente grãos de alguns cereais, tubérculos de batata e mesmo algumas raízes, sendo o seu teor de amido: arroz 70-80%, milho 65-75%, trigo 60-70%, centeio, cevada, aveia 50-60%, batata 17-24%, mandioca 1521%. Para obter amido no nosso país, o milho e a batata são utilizados como matérias-primas. No milho, o amido encontra-se sob a forma de grânulos fechados nas células do endosperma, e na batata nas células do parênquima amiláceo da polpa (núcleo). A tecnologia de fabrico do amido de milho e de batata é apresentada na figura 1.1.

Fabrico de amido de milho. Após as operações de acondicionamento, o milho é submetido a uma imersão com água e uma solução de dióxido de enxofre ou ácido sulfúrico, a uma temperatura de $48\text{-}52^{0}$ C. Este processo permite a destruição das ligações entre as membranas celulósicas, o endosperma e os germes, favorecendo a libertação dos grânulos de amido, a difusão das proteínas e de algumas substâncias minerais para a solução de ácido sulfúrico, a solubilização das proteínas que retêm o amido nas células, bem como a inibição de possíveis tendências indesejáveis de fermentação. A demolha é feita em bacias com recirculação da água de demolha, dependendo a duração da operação da variedade e humidade do milho. As águas de demolha são recuperadas e concentradas até 50% S.U. em instalações de vácuo, dando origem a um extrato de milho utilizado na indústria de antibióticos e cuja composição química média é apresentada no quadro 1.1.

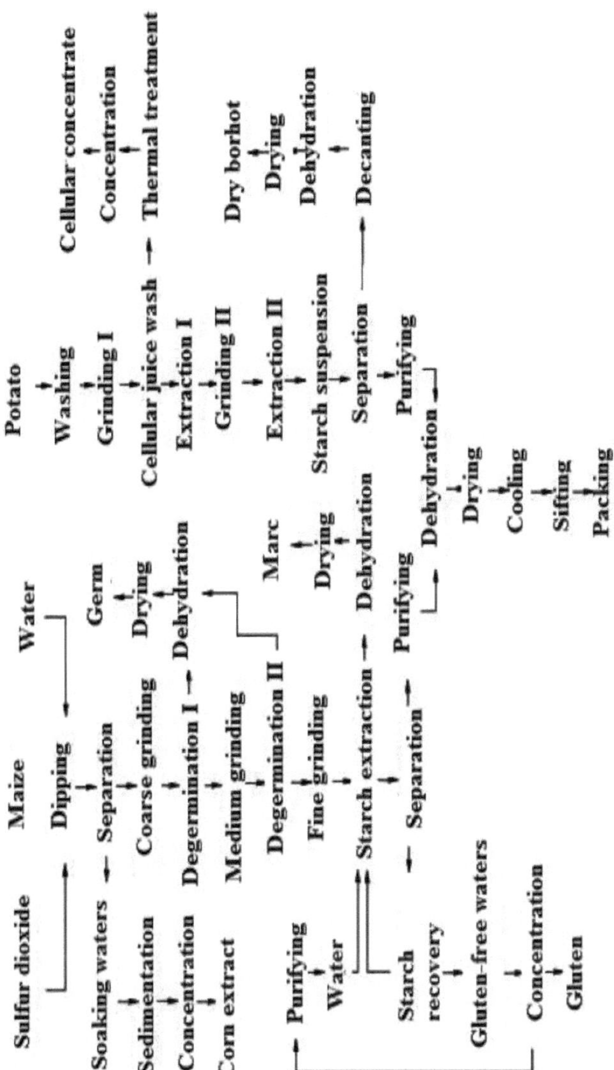

Fig. 1.1. Esquema tecnológico do fabrico de amido de milho e de fécula de batata

Quadro 1.1. Composição química média do extrato de milho

Componente	Proporção
A água, %	30-60
Azoto total, % E.U.A.	2.7-4.5
Azoto amoniacal, % E.U.A.	1-2
Ácido lático, % U.S.	5-11.5
Substâncias minerais %	8-10
(Ca, P, Cu, Fe, Mg, S, Zn, Co) Biotina, mg/100g	150-200

Depois de demolhado, o milho é submetido a uma moagem por via húmida, que se processa em três fases, grossa, média e fina, com a função de separar os germes que são lavados, desidratados e secos, constituindo a matéria-prima para a obtenção do óleo de milho.

A extração do amido é a principal operação tecnológica através da qual as substâncias celulósicas grosseiras e finas são separadas da suspensão de amido, passando o material resultante por uma moagem fina num peneiro com malhas pequenas (tamanhos 1-150 inn). A fração grosseira é retida, processada por desidratação e secagem, resultando numa pasta rica em celulose, utilizada para alimentação animal.

Após a extração, a suspensão de amido contém uma quantidade significativa de proteínas solúveis e insolúveis (cerca de 8%), pelo que é sujeita a separação em hidrociclones ou separadores centrífugos. As águas gluténicas resultantes contêm a maior parte das proteínas e, concentrando-as, obtém-se um glúten forrageiro ou alimentar (requer purificação adicional).

A suspensão de amido resultante da separação também contém algumas substâncias proteicas, para a sua remoção é necessária uma purificação em baterias de hidrociclones. Nestas instalações, na primeira fase, são separadas as proteínas insolúveis, que são processadas juntamente com o boro, e na segunda fase é efectuada uma purificação adicional por lavagem da suspensão com água amolecida em contracorrente, tendo o produto final um teor de proteínas de cerca de 0,2-0,4 %. Para obter amido seco, a suspensão é submetida a uma desidratação até 60% S.U., seguida de secagem até 85% S.U., a temperaturas moderadas de, no máximo, 60^0 C. Fabrico de fécula de batata. Antes da transformação, as batatas são lavadas para eliminar os restos de terra aderentes, sendo depois trituradas em máquinas especiais com facas rotativas para libertar o suco celular.

Tabela 1.2. Teor de amilose e amilopectina do amido

Amido de:	Amilose (%)	Amilopectina (%)	Amido de:	Amilose (%)	Amilopectina (%)

Cevada pegajosa	0	100	Arroz	24-27	73-76
Milho ceroso	0	100	Aveia	23-24	76-77
Tapioca	17	83	Batatas	22	78
Milho	20-36	64-80	Ervilhas verdes	75	25
Trigo	17-27	73-83			

A papa de batata resultante tem uma composição heterogénea e, devido ao teor de sais minerais, proteínas e substâncias espumantes, afecta negativamente o processo de transformação posterior e, finalmente, o produto acabado.

Do ponto de vista tecnológico, as operações são semelhantes às da obtenção de amido de milho, sendo que neste caso o amido de batata tem uma concentração final de cerca de 7880%. Como elementos constituintes, o amido é constituído por amilose e amilopectina em diferentes proporções e que dependem da matéria-prima a partir da qual é obtido (tabela 1.2.)

I.2. Fabrico de dextrina e de glucose

As dextrinas são hidratos de carbono resultantes da torrefação em meio ácido, da extrusão ou da degradação do amido na presença de enzimas, sob a forma de pós amorfos. A glucose, no estado sólido ou líquido, é obtida após o processamento da suspensão de amido por tratamento com enzimas ou hidrólise ácida. Na indústria alimentar, são utilizados vários tipos de glicose, que se diferenciam pela humidade, estado de agregação, equivalente de dextrose, etc. O esquema tecnológico para a produção de dextrina e glucose através do processo ácido e enzimático é apresentado nas figuras 1.2. e 1.3.

A dextrina é obtida a partir de amido seco submetido à operação de torrefação ou torrefação. Para

Para poder ser transformado, o amido é acidificado com ácido clorídrico, que desempenha o papel de catalisador no processo de hidrólise parcial das macromoléculas de amido. Por vezes, é utilizado ácido nítrico ou uma mistura de ácido nítrico e ácido sulfúrico para a acidificação. A quantidade de ácido adicionado depende do tipo de dextrina que está a ser produzida e do pH do amido.

A torrefação é a principal operação do processo tecnológico através da qual o amido, previamente acidificado, é gradualmente aquecido e transformado em dextrina, dependendo a duração da torrefação das características da dextrina a obter (quadro 1.3).

Após a torrefação, a dextrina é arrefecida a 50-60^0 C para evitar o processo de hidrólise, com a formação de açúcares e maltose, mas também para facilitar a sua triagem.

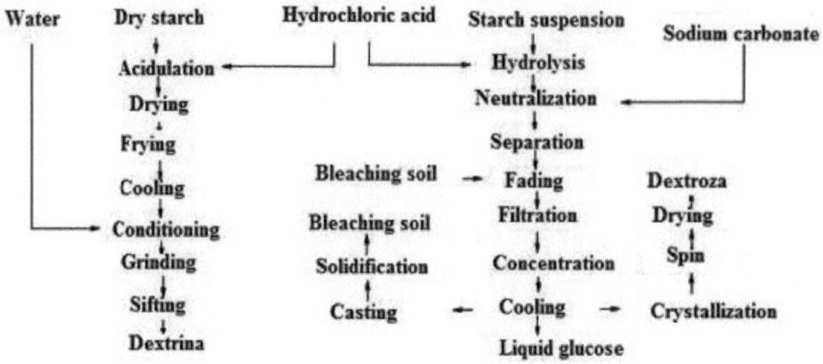

Fig. 1.2. O esquema tecnológico para o fabrico de dextrina e glucose pelo processo ácido

Tabela 1.3. Tempo de fritura das dextrinas

Cor	Dose de HCl (kg/t)	Tempo de torrefação (min)	Temperatura após a fritura ($^{\circ}$ C)
Branco claro	1	60	100-120
Amarelo claro	2	90	120-140
Amarelo normal	3	120	140-160
Amarelo escuro	5	180	160-180

Se a dextrina for obtida enzimaticamente, então a matéria-prima é a suspensão de amido com 35-45% S.U. A dextrinização do amido é feita num curto espaço de tempo, a cerca de 8085 0C na presença de a-amilase, altura em que ocorre a sua hidrólise parcial e fluidização. Ao aumentar a temperatura para 120-130 0C, a reação é interrompida e a solução de dextrina é seca por atomização em ar quente. O processo enzimático permite obter produtos de maior qualidade, sendo as instalações de funcionamento contínuo e sem proteção anti-ácida. Os principais tipos de dextrinas obtidas por degradação do amido são apresentados na tabela 1.4 e as características em relação ao grau de polimerização na tabela 1.5.

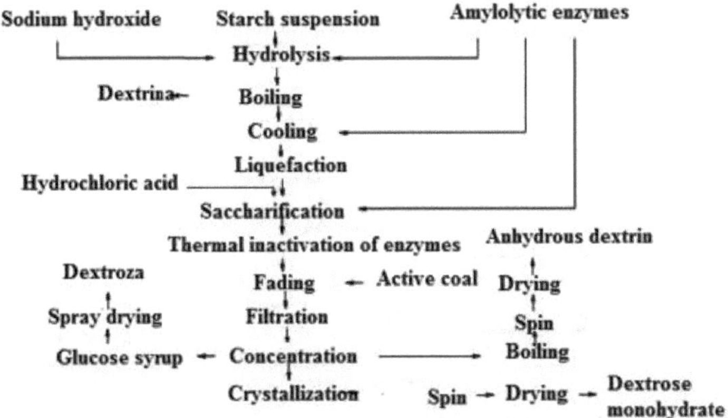

Fig. 1.3. O esquema tecnológico para o fabrico de dextrina e glucose pelo processo enzimático

Tabela 1.4. Tipos de dextrinas

Característica	Tipo		
	A	G1	G2
Natureza destra	não mais de batatas	de batatas ou milho	de batatas ou milho
Solubilidade em água fria registada nos EUA (%)	30-35	92-95	Mínimo 9
Solubilidade em água morna relatada em U.S. min (%)	94	95	93
Amido solúvel comunicado nos EUA (%)	42-60	Max.6.	Max.10

No fabrico da glucose, consideram-se duas fases distintas: a transformação do amido em forma solúvel ou liquefação e a sacarificação por divisão do amido em glucose ou a sua hidrólise. As duas fases podem ser alcançadas através de três processos tecnológicos:

- o processo ácido-ácido, em que tanto a liquefação como a hidrólise são efectuadas com ácidos minerais;

- o processo ácido-enzimático, em que a liquefação é feita com um ácido e a hidrólise com uma enzima;

- o processo enzimático-enzimático, no qual a liquefação e a hidrólise são efectuadas com a ajuda de enzimas.

A utilização generalizada da glucose em várias indústrias levou à criação de variedades de glucose:

- O xarope de glucose ou glucose líquida é uma mistura de maltose e dextrina com uma concentração em substâncias redutoras de 40%, registada nos EUA;

- A glucose sólida, açúcar técnico ou de batata, tem um grau avançado de hidrólise e uma percentagem de 90% de substâncias redutoras, em comparação com os EUA;
- A dextrose dá glucose cristalizada, caracterizada por uma elevada pureza de cerca de 99,5%.

Tabela 1.5. Características das dextrinas em função do grau de polimerização

Dextrinas por ordem decrescente do grau de reação	14 +	Solução de coloração com iodo	Poder redutor (maltose=100)
Amilodextrinas	+190... ..195	Azul	0.6-2
Eritrodextrinas	+194... ..196	castanho avermelhado	3-8
Acrodextrinas	+192	incolor	10
maltodextrina	+181. .183	incolor	26-43

["]'"- rotação específica

A obtenção de glucose através do processo ácido-ácido está mais difundida na prática industrial, devido ao elevado custo das enzimas. A suspensão de amido com cerca de 40% de U.S. é submetida à hidrólise com uma solução de ácido clorídrico a 30%. Através da despolimerização parcial da molécula de amido e da penetração de água, ocorre a clivagem, sendo o produto resultante gelatinoso. Para reduzir a acidez, é utilizada uma solução de carbonato de sódio a 11%, que oferece a possibilidade de obter uma vasta gama de pH.

A neutralização é necessária porque o produto exerce uma forte ação corrosiva sobre as máquinas e, a pHs baixos, precipita mais facilmente as proteínas, com um efeito benéfico sobre a qualidade da glicose.

Uma vez que a temperatura no processo de hidrólise atinge até 95^0 C, o xarope de glucose arrefece, após o que é submetido a uma purificação que consiste em tratamentos com materiais adsorventes, branqueadores ou de permuta iónica, que removem proteínas, substâncias corantes, odores e alguns ácidos fosfatados.

A glucose obtida pelo processo enzimático realiza a hidrólise enzimática do amido na presença de a-amilase e hidróxido de cálcio, a uma temperatura de cerca de 85^0 C. Aumentando a temperatura de hidrólise para 130^0 C, obtém-se a dextrina e, para obter glucose, o amido dextrinizado é arrefecido e liquefeito, fase à qual se adiciona a a-amilase para sacarificação.

Para realizar o processo de sacarificação em condições normais, é necessário baixar a temperatura para cerca de 60^0 C, corrigir a acidez com ácido clorídrico que inativa a a-amilase e adicionar amiloglucosidase fúngica para continuar a sacarificação. Para inativar as enzimas, o hidrolisado é tratado termicamente a 120^0 C durante 15 minutos, arrefecido e sujeito a purificação por filtração, descoloração e tratamento com permutadores de iões.

II. Biopolímeros alimentares

Os biopolímeros alimentares e a sua interação em misturas são os principais responsáveis pela relação entre a estrutura e as propriedades dos alimentos [7]. Os principais materiais de construção dos alimentos são os hidratos de carbono, as proteínas, os lípidos e as enzimas, que se encontram na água, o principal meio, solvente e plastificante (figura 2.1). A água representa um dos principais componentes e determina a textura dos produtos alimentares, contendo 0% em, por exemplo, óleos alimentares ou até 87% no leite ou 90% em vários frutos [8]. A interação da água com os constituintes alimentares tem um grande impacto no processamento e na qualidade dos alimentos.

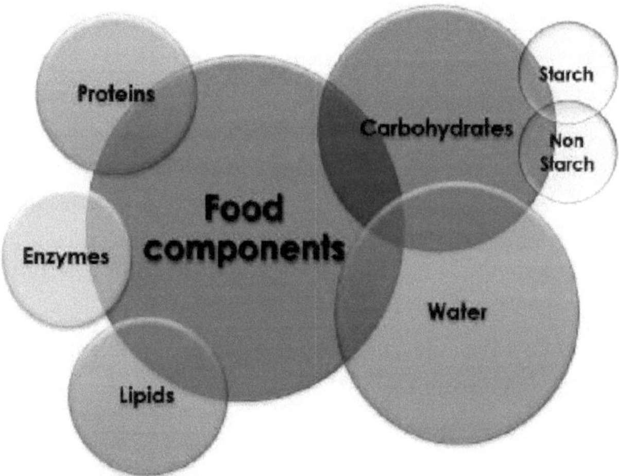

Fig. 2.1 Apresentação esquemática da composição dos alimentos.

Depois da água, os hidratos de carbono são os componentes alimentares mais abundantes e amplamente distribuídos. Incluem mono, di e oligossacáridos, como os açúcares, e polissacáridos [9]. Os polissacáridos podem ser separados em dois grupos: amidos e polissacáridos não amiláceos, ambos pertencentes ao grupo dos *hidrocolóides* [10]. As proteínas, os lípidos e as enzimas completam os alimentos e transformam-nos num sistema molecular multicomponente. Assim, a interação entre os componentes é mais significativa do que as propriedades químicas e físicas dos componentes individuais. As estruturas dos alimentos são principalmente organizadas por interação não covalente e não específica de proteínas e polissacáridos num meio aquoso [11]. A maioria dos biopolímeros forma géis físicos, estruturados por interacções fracas (hidrogénio, eletrostática, hidrofóbica). Neste trabalho são investigados os hidratos de carbono e a sua interação com a água, com especial destaque para o amido e outros polissacáridos como agentes espessantes e gelificantes. Estes são apresentados com mais pormenor na secção seguinte. A água é um plastificante e solvente universal para materiais orgânicos naturais e é um solvente excecional devido à sua forte polaridade, que permite a interação consigo própria e com outros grupos químicos através de ligações de hidrogénio [12].

11.1 Hidrocolóides e hidrogéis

Atualmente, os hidrocolóides são amplamente utilizados numa variedade de sectores industriais para desempenharem uma série de funções. Nos produtos alimentares, são utilizados como agentes espessantes, gelificantes, emulsionantes ou estabilizadores, bem como para controlar o crescimento de cristais de gelo e açúcar [13]. Embora sejam frequentemente utilizados apenas em concentrações inferiores a 1%, têm uma influência significativa nas propriedades texturais e organolépticas dos alimentos [14]. As mudanças no estilo de vida moderno e rápido e a procura sempre crescente de alimentos dietéticos e saudáveis aumentam a procura de refeições prontas, alimentos funcionais e produtos alimentares com elevado teor de fibra e baixo teor de gordura. Consequentemente, a procura crescente de hidrocolóides utilizados em produtos alimentares, por exemplo, como substitutos de gorduras, estabilizadores ou texturizantes, conduz a um mercado de hidrocolóides em constante crescimento (avaliado em 4,4 mil milhões de dólares e um volume total de cerca de 260 000 toneladas [14]).

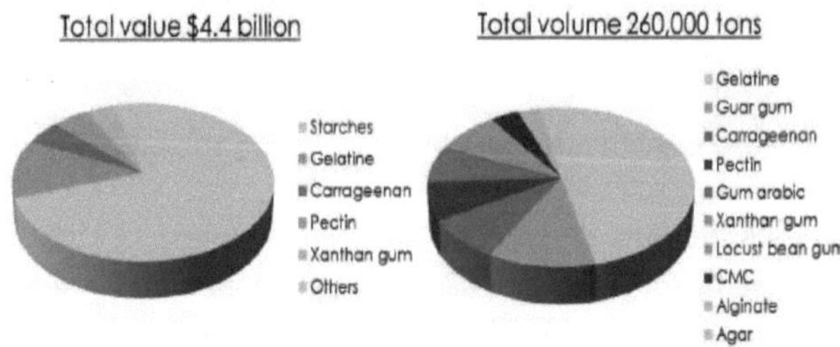

Fig. 2.2 Valor e volume do mercado mundial de hidrocolóides individuais.
De acordo com [14].

Os hidrocolóides são constituídos por polímeros de cadeia longa, que têm propriedades espessantes e gelificantes quando se dissolvem na água. A extensão do espessamento varia consoante a composição molecular e a natureza dos hidrocolóides. Devido à elevada quantidade de grupos hidroxilo, apresentam uma enorme afinidade para se ligarem às moléculas de água, mas possuem também ligeiras propriedades hidrofóbicas [15]. Embora todos os hidrocolóides tenham a capacidade de engrossar, apenas alguns são também capazes de formar um gel. A nível molecular, a gelificação é a formação de uma rede contínua de moléculas de polímero que consiste numa estrutura de cadeias de polímero. Na maioria dos géis de biopolímeros, as cadeias poliméricas formam zonas de junção alargadas através de associações lado a lado de natureza física, em contraste com as típicas ligações covalentes simples encontradas em redes quimicamente reticuladas. Estas zonas de junção física podem ser formadas por ligações cruzadas pontuais simples, ligações cruzadas alargadas, em que pelo menos duas cadeias estão ligadas, ou por uma formação de estruturas helicoidais múltiplas (figura 2.2).

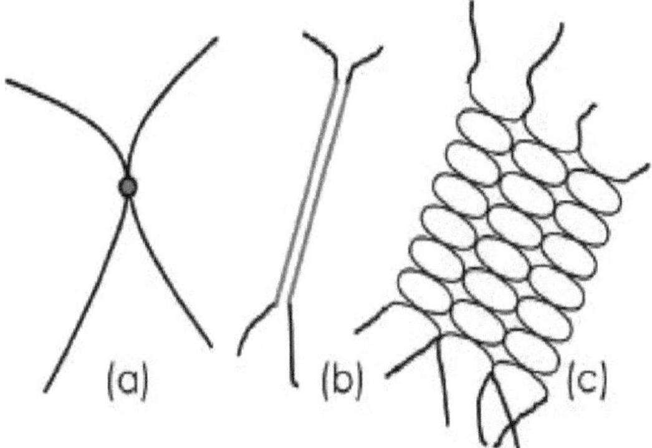

Fig. 2.3 Zonas de junção encontradas em géis físicos. a) Ligação cruzada pontual, b) Ligações cruzadas alargadas por ligação cooperativa intermolecular entre segmentos adjacentes, c) Estruturas helicoidais múltiplas por associações complexas. Modificado de acordo com [16].

As ligações envolvidas nestas zonas de junção são geralmente não covalentes, tais como ligações de hidrogénio, interação hidrofóbica ou iónica [17]. Consequentemente, na gelificação física, a formação e a quebra das zonas de junção são geralmente reversíveis, a funcionalidade das ligações cruzadas é muito elevada e as zonas de junção têm um tempo de vida finito [18]. A formação deste tipo de redes transitórias é determinada pela composição química do polímero e, por conseguinte, pela rigidez e volume ocupado na solução e pelo solvente que constitui o sistema de gelificação [16].

11.2 Amido e fécula de tapioca

O amido ocorre sob a forma de pequenos grânulos brancos em vários locais das plantas, por exemplo, nos grãos de cereais (milho, arroz, trigo, cevada, aveia, sorgo), nas raízes (batata-doce, mandioca, inhame), nos tubérculos (batata), nos caules (sagueiro) e nas sementes de leguminosas (ervilha, feijão) e foi concebido pela natureza como uma reserva de energia das plantas. Por conseguinte, a glucose é imobilizada através da formação de um polímero de condensação no qual as cadeias de glucose são ligadas entre si pela eliminação (condensação) de água e actuam como sistema de armazenamento de energia a longo prazo [19]. Industrialmente, as principais culturas importantes que são cultivadas para a extração de amido são: mandioca para o amido de tapioca, milho para o amido de milho, batata ou trigo (quadro 2.1).

Quadro. 2.1 Volumes globais de produção de amido em 2006. Os valores estão em milhões de toneladas.

De acordo com [2].

	Milho	Trigo	Batata	Tapioca	Outros amidos e féculas
América do Sul	1.49	0.03	-	0.76	-
Europa	5.55	3.57	1.99	-	0.10
Ásia-Pacífico	17.83	0.54	0.44	7.12	0.54
América do Norte	25.92	0.56	0.12	0.01	0.20
Resto do mundo	0.64	0.27	-	0.03	0.02
Total	54.43	4.96	2.56	7.92	0.86

Para além de algumas aplicações na indústria não alimentar, tais como na indústria do papel ou como materiais poliméricos biodegradáveis, os amidos têm a sua principal aplicação na indústria alimentar com o objetivo de espessar, gelificar, estabilizar ou substituir e prolongar ingredientes mais dispendiosos. Neste caso, são preferidos devido à sua disponibilidade, baixos custos e propriedades únicas, que são resumidas em mais pormenor nas secções seguintes.

II.2.1 Estrutura química e composição do amido

Quando se pensa na estrutura do amido, há que ter em conta dois níveis de composição: a estrutura molecular e química e a disposição microscópica em grânulos de amido e a forma como interagem a granel. Todos juntos desenvolvem as propriedades funcionais e texturizantes de diferentes amidos, dependendo da fonte botânica e do processo de produção.

Estrutura molecular e química. Todos os amidos são constituídos por polímeros de cadeia longa de unidades de glucose ligadas a α, o que os torna digeríveis pelos animais, em contraste com as unidades de glucose ligadas a β na celulose (figura 2.4a).

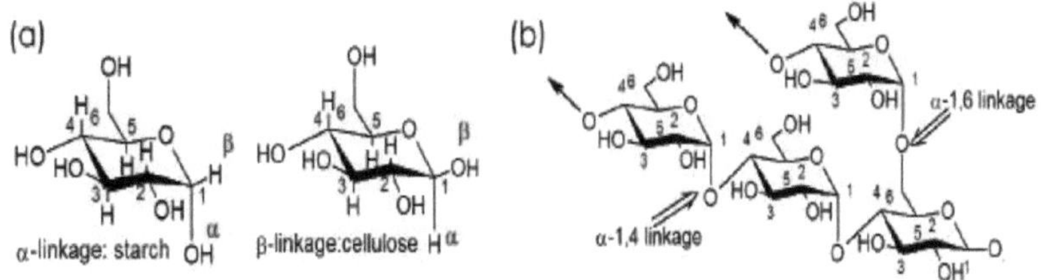

Fig. 2.4 (a) Unidades de glucose ligadas através de grupos hidroxilo orientados horizontalmente (ligação α) no amido em comparação com ligações através de grupos hidroxilo orientados equatorialmente (ligação β) na celulose. (b) Diferentes ligações α no amido. As cadeias poliméricas lineares são produzidas por ligações 1,4 e os pontos de ramificação por ligações 1,6

Para a polimerização, as unidades de glucose no amido fornecem três sítios reactivos, nomeadamente c_1, c_4 e c_6, e podem ser feitas duas ligações diferentes (figura 2.4b). A reação entre c_1 e c_4 produz cadeias poliméricas lineares e alongadas, enquanto a ligação entre c_1 e c_6 produz pontos de ramificação e o início de uma nova cadeia linear [2]. Relativamente a esta composição molecular, podem separar-se dois componentes principais do amido: a amilose, que consiste em mais ligações 1,4 com apenas alguns pontos de ramificação e cadeias laterais; e a amilopectina com uma estrutura altamente ramificada. Tanto as ligações 1,4 como 4-5% de ligações 1,6 podem ser encontradas na amilopectina, resultando num dos maiores polímeros naturais com pesos moleculares até 10^8 g/mol [20]. As unidades de glucose com ligação a-1,4 permitem a formação de uma configuração helicoidal, típica das moléculas de amilose lineares e flexíveis (figura 2.5a). No entanto, a conformação da amilose em solução aquosa é ainda objeto de debate e, para além de uma conformação helicoidal contínua, assume-se uma hélice interrompida ou mesmo uma estrutura em espiral aleatória. Os pontos de ramificação ao longo de uma cadeia de amilopectina conduzem a uma formação de aglomerados com cadeias laterais helicoidais (figura 2.5b) [21]. Os pesos moleculares típicos da amilose extraída são da ordem dos 10^5 a 10^6 g/mol e, em solução aquosa, podem comportar-se como uma bobina flexível com um raio hidrodinâmico típico de 7-20 nm [22]. A ramificação da amilopectina não é aleatória e foi encontrada uma população bimodal de cadeias com duas populações principais que exibem um pico de DP em torno de 12-14 e ~45 [23]. Os modelos actuais da estrutura da amilopectina descrevem cadeias curtas de 10-20 unidades dispostas em grupos em cadeias mais longas, com a cadeia mais longa a abranger mais do que um grupo (figura 2.5b). Uma consequência da ramificação é, relativamente ao seu peso molecular, o facto de as moléculas de amilopectina serem relativamente compactas.

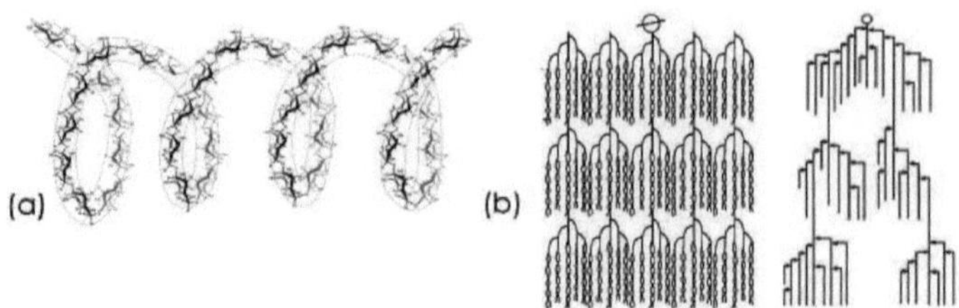

Fig. 2.5 (a) Unidades de glucose ligadas ao a-1,4 e formação de hélices na amilose, adaptado de [24]. (b) Formação de aglomerados com cadeias laterais helicoidais na amilopectina, adaptado de [25] e modelo de aglomerado com cadeias curtas dispostas em aglomerados sobre cadeias mais longas, adaptado de [26].

Dependendo da fonte botânica, o rácio entre amilose e amilopectina e o seu grau de polimerização varia significativamente (quadro 2.2), o que determina as suas diferentes propriedades funcionais e permite uma utilização específica para diferentes amidos. Para além da amilose e da amilopectina, podem encontrar-se nos amidos outras substâncias, como lípidos (incluindo fosfolípidos e ácidos gordos livres), monoésteres de fosfato e proteínas/enzimas [27].

Tabela. 2.2 Quantidade e DP de amilose e amilopectina em diferentes amidos crus

materiais. De acordo com [2].

	Amilose (%)	Amilopectina (%)	DP amilose	DP amilopectina
Milho	25-28	72-75	2000	2 000 000
Milho ceroso	< 1	>99	-	2 500 000
Batata	19-21	79-81	10 000	3 000 000
Arroz	17-19	81-83	1000	2 000 000
Tapioca	17	83	5000	3 000 000
Trigo	25	75	8000	2 500 000

Arranjos microscópicos dos grânulos de amido. O amido ocorre naturalmente como grânulos insolúveis em água, cuja forma é caraterística da sua origem botânica. A amilose e a amilopectina estão densamente compactadas nestes grânulos de amido semicristalino, que se apresentam em todas as formas e tamanhos, de 0,1 a pelo menos 100 ,um, consoante a origem botânica (quadro 2.3).

Tab. 2.3 Tamanho e forma do grânulo de diferentes amidos. Modificado de acordo com [2]

	Fonte	Distribuição granulométrica (inn)	Forma
Milho	Cereais	3-26	Poligonal redonda
Batata	Tubérculo	5-100	Oval, esférico
Arroz	Cereais	3-8	Poligonal, esférico

Tapioca	Raiz	4-35	Oval truncado, "chaleira
Trigo	Cereais	1-40	tambor
			Redondo lenticular

Os grânulos de amido consistem em camadas concêntricas amorfas e semicristalinas alternadas (figura 2.6a), representando anéis de crescimento produzidos durante a biossíntese da planta [28]. As camadas semicristalinas e densas consistem na alternância de lamelas cristalinas e amorfas (figura 2.6b); as camadas amorfas menos densas contêm mais água. As lamelas cristalinas são constituídas por duplas hélices de amilopectina, que se encontram dispostas de forma paralela, enquanto os pontos de ramificação da amilopectina se encontram nas lamelas amorfas (figura 2.6c).

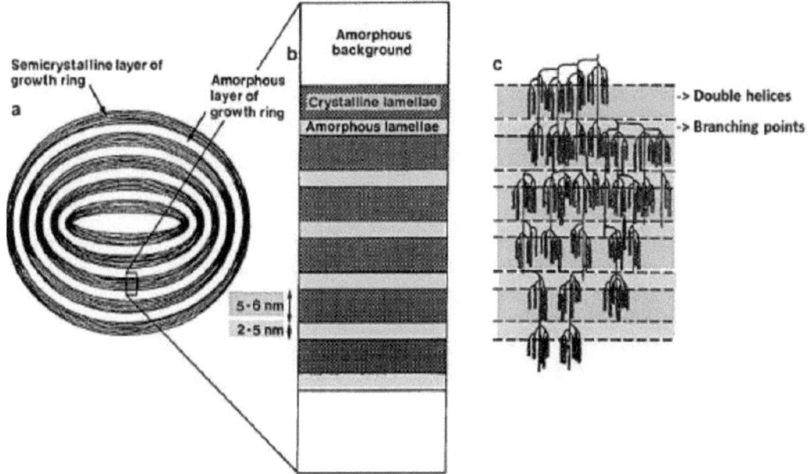

Fig. 2.6 Estrutura dos grânulos de amido. (a) Grânulo simples com camadas amorfas e semicristalinas. (b) Camada semicristalina constituída por lamelas cristalinas e amorfas. (c) Amilopectina no interior da camada semicristalina. Adaptado de [29]

As duplas hélices de amilopectina podem ser dispostas em três formas de empacotamento, tipos A, B e C, que determinam a cristalinidade e o tipo do amido correspondente [30]. Em geral, a maioria dos amidos de cereais apresenta o padrão do tipo A, alguns amidos de tubérculos e amidos de cereais ricos em amilose o padrão do tipo B e os amidos de leguminosas apresentam o padrão do tipo C. Muitos autores investigaram a formação de aglomerados de amilopectina e a arquitetura fina dos grânulos de amido de diferentes fontes botânicas por difração de raios X, que são analisados em pormenor por Perez et al. [31], Jane [27] ou Tester [32].

No entanto, a estrutura detalhada dos grânulos de amido ainda está em discussão e, em especial, a localização exacta da amilose no interior do grânulo permanece pouco clara. Sugere-se que a amilose esteja orientada radialmente como cadeias individuais e aleatoriamente intercalada entre a amilopectina nas regiões cristalinas e semicristalinas [31]. Jane [27] resumiu a organização de um grânulo de amido com os recentes avanços na compreensão da estrutura do grânulo com uma imagem esquemática (figura 2.7).

A amilose está localizada perto da amilopectina e, possivelmente, co-cristaliza
A amilose é mais concentrada
na periferia
A amilopectina na região interna tem cadeias de ramificação mais longas

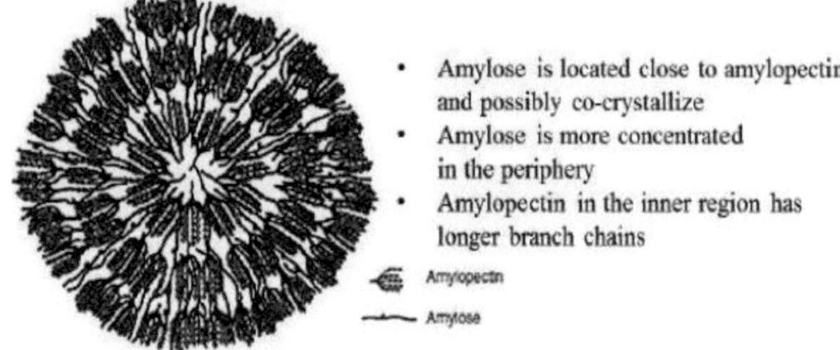

Fig. 2.7 Organização esquemática de um grânulo de amido proposta por [27].
A disposição radial orientada dos cristalitos também pode ser observada sob luz polarizada. Os grânulos de amido nativo mostram uma cruz de birrefringência escura, que é bem conhecida como cruz de Malta e pode ser vista, por exemplo, para o amido de tapioca nativo na figura 2.8.

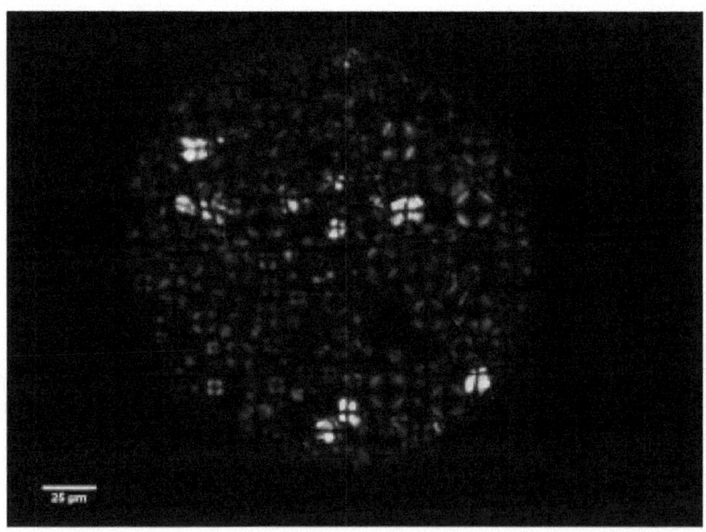

Fig.2.8 Grânulos de amido de tapioca nativo observados por microscopia ótica sob luz polarizada.

1.1.2 2 Gelatinização, colagem e fusão

Todos os amidos nativos requerem um tratamento hidrotérmico para perturbar as estruturas ordenadas nos grânulos de amido, de modo a utilizar as propriedades hidrocolóides dos polímeros de amido. O aquecimento dos grânulos em excesso de água provoca grandes alterações nas propriedades reológicas de uma suspensão amido-água e influencia o comportamento e a funcionalidade dos sistemas que contêm amido. Quando os grânulos de amido são aquecidos progressivamente em excesso de água, chega-se a um ponto em que a cruz de polarização começa a desaparecer e os grânulos começam a inchar irreversivelmente [33]. Esta rutura das estruturas granulares é designada por *gelatinização* e pode ser definida como o colapso das ordens moleculares (quebra das ligações de hidrogénio) no interior dos grânulos, acompanhada por alterações irreversíveis das propriedades, tais como a difusão da água no interior dos grânulos e o inchaço granular, a fusão endotérmica dos cristalitos, a perda de birrefringência, a solubilização do amido e o desenvolvimento da viscosidade [33].

Ao mesmo tempo, a amilose é preferencialmente solubilizada, enquanto a solubilização da amilopectina de alto peso molecular é raramente observada [26]. A quebra das ligações de hidrogénio nas regiões amorfas produz inicialmente a absorção de uma grande quantidade de água, que actua como plastificante. À medida que a temperatura aumenta, ocorre mais hidratação e inchaço nas regiões amorfas, bem como hidratação parcial e fusão dos cristalitos [34]. A rutura das estruturas amorfa e cristalina resulta numa perda irreversível da ordem granular e é seguida da lixiviação das moléculas de amido, principalmente da amilose, embora a amilopectina de baixo peso molecular possa também solubilizar-se, dependendo da natureza do amido e da densidade dos cristalitos de amilopectina [30]. O processo de *colagem* segue a gelatinização e ocorre com o aquecimento contínuo em excesso de água e envolve o inchaço contínuo dos grânulos, a lixiviação adicional das moléculas de amido dissolvidas e a rutura dos grânulos frágeis e inchados.

Durante o arrefecimento, as moléculas libertadas reorganizam-se e formam, consoante o teor de amilose, um gel/pasta fraco ou forte, constituído por uma fase contínua de polímeros de amido dissolvidos e uma fase descontínua de restos de grânulos. Este retrocesso e o processo molecular são designados por *retrogradação*. A primeira parte da retrogradação, a curto prazo, envolve a formação de uma rede por emaranhamento ou formação de zonas de junção entre moléculas de amilose; inseridos nesta rede estão os restos de grânulos inchados, que reforçam a matriz interpenetrante [35]. A longo prazo, ocorre a retrogradação da amilopectina, que, devido ao enorme tamanho da molécula, é um processo muito mais lento e pode prosseguir durante vários dias. Todos estes fenómenos serão discutidos com mais pormenor no capítulo 6.1, utilizando o exemplo do amido de tapioca.

A gelatinização e a retrogradação podem ser vistas como processos de fusão sem equilíbrio e de ordenação/recristalização de cadeias, facilitados pelo solvente. Marchant e Blanshard [36] já propuseram, em 1978, que a gelatinização tem de ser um processo semicooperativo por fusão induzida pela temperatura das regiões cristalinas, o que leva a uma maior liberdade e mobilidade das cadeias poliméricas nas zonas amorfas e permite um maior inchaço e hidratação por desemaranhamento das cadeias. Os termos *gelatinização* e *fusão do amido* têm de ser diferenciados relativamente à quantidade de água disponível. A gelatinização ocorre em excesso de água e dá origem a uma pasta ou gel de amido, ao passo que a fusão corresponde à perda de cristalinidade no grânulo a baixa humidade.

1.1.3 3 Fécula de tapioca

A fécula de tapioca é obtida a partir das raízes da planta da mandioca e pode ser encontrada nas regiões equatoriais. Dependendo da região, a planta da mandioca é também conhecida como aipim (Brasil), mandioca (América Central), tapioca (Índia e Malásia) ou macaxeira (África, Sudeste Asiático) [5]. A expressão mandioca é geralmente aplicada às raízes da planta, enquanto que tapioca é o nome dado à fécula. A fécula de tapioca é um material nativo único que, em comparação com outros amidos, tem propriedades distintas, o que permite a sua utilização direta em aplicações alimentares e industriais, mas é também um excelente material de partida para modificações em produtos especiais. Apesar de ser uma fonte pobre de proteínas, vitaminas ou minerais, a raiz de mandioca representa uma boa fonte de energia devido ao seu elevado teor de amido e é atualmente utilizada como alimento básico em muitas regiões [5]. As raízes contêm até 26% de amido [2], que é extraído e convertido num pó branco através de diferentes processos de lavagem e secagem. Os seus grânulos de amido são grãos lisos e esféricos com diâmetros que variam de 4 a 35 μт [37] (cf. A1). Frequentemente, apresentam um ou mais truncamentos esféricos e fissuras que atravessam o hilo (figura 2.9).

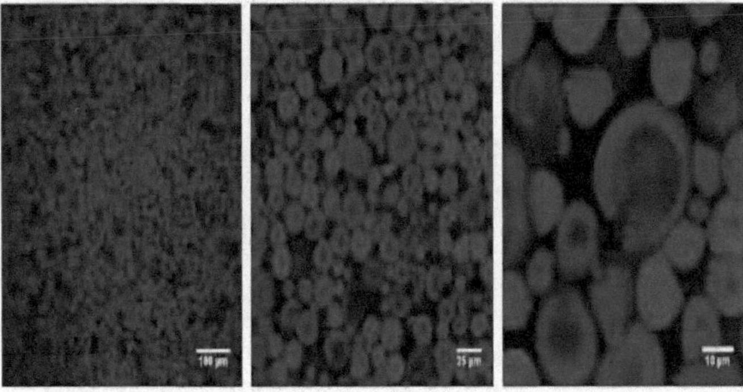

Fig. 2.9 Imagens CLSM de grânulos de amido de tapioca nativo, corados com rodamina
B, mostrando grãos lisos e esféricos com truncamentos e fissuras. Objetiva: *20**, tamanho da imagem: 707,11x707,11 μт2, zoom eletrónico: 0, 4 e 8,5.

Em contraste com outros amidos, a fécula de tapioca possui um baixo nível de materiais residuais, tais como proteínas, fósforo, cinzas ou lípidos e tem um teor de amilose excecionalmente baixo em comparação com outras fontes de amido (tabela 2.4). Não foi encontrada nenhuma variação significativa do teor de amilose (17 a 20%) na tapioca, enquanto que, por exemplo, no milho ou no arroz pode variar de 0 a 70% ou 0 a 40%, respetivamente [5]. As moléculas de amilose na fécula de tapioca não são exclusivamente lineares e apresentam pesos moleculares mais elevados do que noutros amidos que contêm amilose. A amilopectina na fécula de tapioca possui muitos pontos de ramificação e cadeias laterais curtas, o que permite uma organização muito densa e cristalina dentro dos grânulos de amido, resultando numa resistência muito forte contra a desintegração.

Tab. 2.4 Amido de tapioca em comparação com outros amidos, adaptado de

21

[37].

Fonte	Diâmetro dos grânulos (pm)	Teor de amilose (%)	DP médio da amilose	Fósforo (%)	Cinzas (%)	Proteína (%)	Lípidos (%)
Tapioca	4-35	17	3000	0.01	0.2	0.10	0.1
Batata	5-100	21	3000	0.08	0.4	0.06	0.05
Milho	2-30	28	800	0.01	0.1	0.35	0.7
Trigo	1-45	28	800	0.06	0.2	0.40	0.8

Devido à baixa quantidade e ao elevado peso molecular da amilose na fécula de tapioca, as suas pastas apresentam um baixo recuo após a gelatinização. Em concentrações inferiores a 10%, apenas se formam pastas muito viscosas com um fraco carácter de gel. Após a gelatinização, a fécula de tapioca possui propriedades especiais e bem apreciadas, tais como uma elevada adesividade, um aspeto claro e transparente, uma textura suave e, o mais importante, sem sabores estranhos. Outras vantagens são o baixo preço da fécula de tapioca e o seu prazo de validade muito longo, bem como a resistência à humidade e ao calor na forma seca.

A maior diversidade na utilização da fécula de tapioca é na indústria alimentar. Uma aplicação muito famosa é sob a forma de pérolas de tapioca, por exemplo, no chá de bolhas, onde as pérolas esféricas são formadas por uma mistura de amido gelatinizado e não gelatinizado. Outras aplicações alimentares utilizam geralmente a fécula de tapioca como agente espessante e estabilizador, com especial ênfase para a ausência de sabor desagradável, desejado, por exemplo, em alimentos para bebés ou noodles de estilo asiático. Devido à quase ausência de lípidos, a fécula de tapioca é uma excelente matéria-prima para o processo de dextrinização. As dextrinas de amido de tapioca são utilizadas como material de revestimento de produtos de confeitaria ou em produtos com baixo teor de gordura [5].

11.3 Modificação do amido e secagem por pulverização
11.3.1 Modificação do amido

Os amidos nativos têm muitas desvantagens e são frequentemente inadequados para a maioria das aplicações, razão pela qual têm de ser modificados para melhorar os seus atributos positivos e facilitar o seu manuseamento. As principais razões para a modificação do amido são o aumento da solubilidade em água fria e a alteração das características de cozedura, a diminuição da retrogradação e da tendência para a gelificação, o aumento da estabilidade à congelação-descongelação ou a melhoria das propriedades do gel/pasta, como a textura, a clareza ou a adesão [38]. Em geral, existem três formas diferentes de modificar os amidos nativos: genética, química ou física.

De um ponto de vista ético, a via mais discutida é a modificação biotecnológica das culturas através do controlo da composição genética da planta, que influencia a síntese do amido. Esta modificação genética pode determinar a proporção de amilose e amilopectina, os padrões de ramificação da amilopectina e o comprimento das cadeias, bem como o teor de fosfato, lípidos e proteínas [6]. Os amidos geneticamente modificados mais proeminentes são os amidos cerosos, contendo uma quantidade muito baixa ou quase nula de amilose, o que conduz a pastas pouco viscosas e adesivas com menor tendência para a retrogradação.

A modificação química do amido envolve normalmente a esterificação, a eterificação, a oxidação, a cationização ou a reticulação [39]. O principal objetivo destas reacções químicas é reforçar ou enfraquecer a estrutura granular ou encurtar a distribuição do comprimento da cadeia. No entanto, foram propostas e estabelecidas várias vias de modificação química na indústria alimentar. Mas estes amidos quimicamente modificados são estritamente regulamentados e têm de ser declarados na lista de ingredientes de cada produto alimentar para garantir a segurança do consumidor.

A modificação física é mais favorável ao consumidor e tem um interesse cada vez maior na tendência do mercado [2]. Podem distinguir-se alguns processos principais que aplicam uma modificação física no amido nativo. Os tratamentos de calor-humidade, recozimento ou pH induzem rearranjos dos componentes do amido dentro da estrutura granular, produzindo perfis de gelatinização alterados. As forças mecânicas aplicadas levam à rutura dos grânulos de amido e ajustam a distribuição do tamanho das partículas. O amido solúvel em água fria é preparado por pré-gelatinização de uma pasta de amido, seguida de secagem por tambor ou por pulverização, que será descrita em pormenor no parágrafo seguinte.

11.3.2 Secagem por pulverização

A secagem por pulverização é um processo de conversão de materiais líquidos em pós e é comummente utilizada na indústria alimentar para preservação, facilidade de armazenamento, transporte e manuseamento [40]. As principais vantagens da secagem por pulverização são a possibilidade de obter pós com uma distribuição estreita do tamanho das partículas e a possibilidade de predeterminar as características dos produtos secos, como o tamanho, a densidade ou o teor de humidade.

O princípio básico da secagem por pulverização é a formação de gotículas a partir do líquido a granel, seguida da remoção da humidade das gotículas líquidas por aplicação de calor.

O primeiro passo envolve o aumento da superfície do líquido, atomizando-o em pequenas gotas com um diâmetro de 1-25 цт [41], o que cria uma superfície de trabalho maior. Quase em simultâneo com o passo de atomização, o solvente é evaporado pelo gás de secagem. Esta remoção de solvente baseia-se em dois efeitos de transporte (figura 2.10): o transporte de calor para a gota seguindo a lei de Fourier e a difusão de solvente da gota para o ambiente circundante após a primeira lei de Fick [42]. A lei de Fourier descreve o transporte de calor através de um gradiente de temperatura do gás circundante para a gota com temperatura mais baixa *dT/dx,* onde x define o raio da gota e Xs o coeficiente de condutividade térmica. O transporte de material está relacionado com a primeira lei de difusão de Fick e as moléculas de solvente difundem-se ao longo de um gradiente de concentração *∂ c/'dx* da gota com elevada concentração para o ambiente, em que o coeficiente de difusão Ds descreve a proporcionalidade. A diminuição do tamanho das gotículas por atomização aumenta o gradiente de temperatura e concentração, produzindo um maior fluxo de calor e material e, consequentemente, um processo de secagem rápido e amplificado das gotículas.

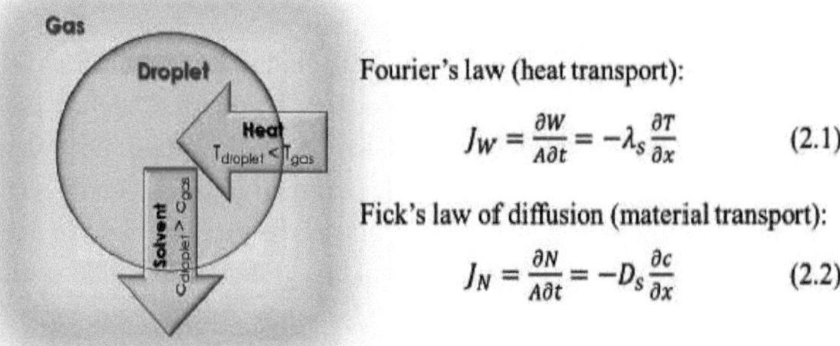

$$J_W = \frac{\partial W}{A \partial t} = -\lambda_s \frac{\partial T}{\partial x} \qquad (2.1)$$

$$J_N = \frac{\partial N}{A \partial t} = -D_s \frac{\partial c}{\partial x} \qquad (2.2)$$

Fig. 2.10 Transporte de calor e difusão de solvente durante a evaporação.

A Figura 2.11 apresenta uma configuração típica de um secador por pulverização e o processo de secagem. Em primeiro lugar, a amostra líquida é bombeada por uma bomba peristáltica para um bocal de pulverização de duas alimentações, onde um jato de azoto de baixa humidade atomiza a alimentação em pequenas gotículas. Na câmara de secagem, as gotículas pulverizadas são misturadas com gás de secagem pré-aquecido e a água é evaporada. O gás de secagem é encaminhado por aspiração do aspirador através de todo o sistema. A secagem das gotículas continua dentro da câmara de secagem, até que as características desejadas das partículas sejam alcançadas. As partículas são transportadas através do gás de secagem para o ciclone, onde ocorre a separação das partículas do gás de secagem.

Os ciclones são geralmente cilíndricos na parte superior, enquanto o fundo é cónico. O pó e o ar de secagem entram tangencialmente no ciclone à mesma velocidade e afundam-se numa trajetória em espiral até ao fundo, enquanto o pó se precipita na parede do ciclone. O pó atinge a parede do ciclone devido a forças centrífugas e é arrastado para baixo pela gravidade, enquanto o ar limpo sobe do fundo para o topo do ciclone ao longo da linha central [40]. O desafio mais difícil da secagem por pulverização é o ajuste correto dos parâmetros de pulverização, correspondentes ao material de alimentação e às características desejadas. A concentração da amostra, a temperatura de secagem, a pressão de atomização, a velocidade da bomba ou a taxa de aspiração influenciam o rendimento do produto, a distribuição do tamanho e a morfologia das partículas secas.

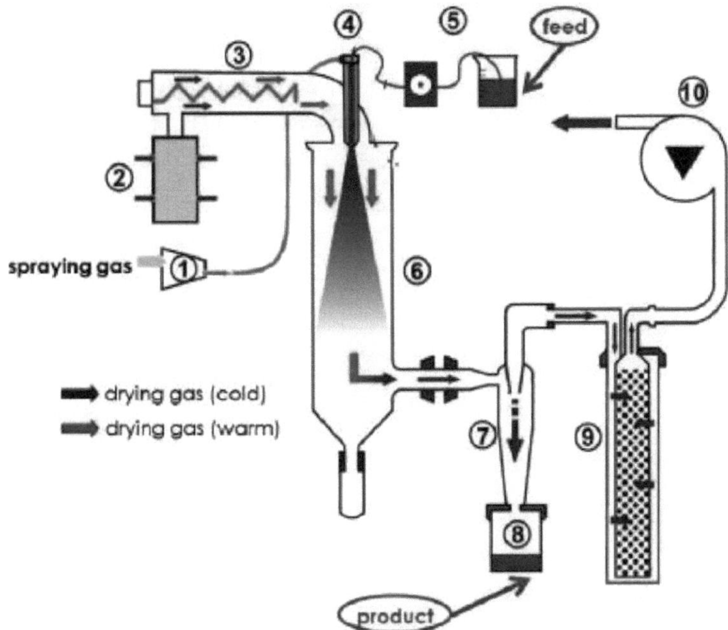

Fig. 2.11 Diagrama esquemático de um sistema de secagem por pulverização em laboratório; 1 compressor, 2 filtro de entrada, 3 serpentina de aquecimento, 4 bico de pulverização, 5 bomba peristáltica, 6 câmara de secagem, 7 ciclone, 8 produto seco, 9 filtro de saída, 10 aspirador. Reproduzido de http://chobotix.cz/research-2/encapsulation-technologies/spray-drying/

11.4 Polissacáridos não amiláceos

De um ponto de vista geral, os polissacáridos não amiláceos são especialmente importantes no domínio dos polímeros solúveis em água, onde desempenham um papel importante como polímeros espessantes, gelificantes, emulsionantes, hidratantes e suspensores. Devido à presença de muitos grupos hidroxilo na molécula, os polissacáridos têm tendência para formar ligações de hidrogénio cooperativas intra e entre cadeias, causando alguma insolubilidade ou, pelo menos, a presença de agregados quando são preparadas soluções [15]. Devido à sua estereoregularidade, são frequentemente capazes de formar conformações helicoidais em solução; a sua conformação ordenada e helicoidal tem um carácter semirrígido e a sua estabilidade depende da temperatura e da concentração iónica.

11.4.1 Goma xantana

A goma xantana é um heteropolissacárido produzido por fermentação, utilizando a bactéria *Xanthomonas campestris* [43]. Dissolvida em água fria, a xantana produz soluções altamente viscosas com um carácter de gel fraco. A estrutura primária consiste numa espinha dorsal semelhante à celulose de unidades de glucose ligadas a *ß-1*,4, substituídas alternadamente por uma cadeia lateral de trissacarídeo. Esta cadeia lateral é composta por duas unidades de manose separadas por um ácido glucurónico (figura 2.12).

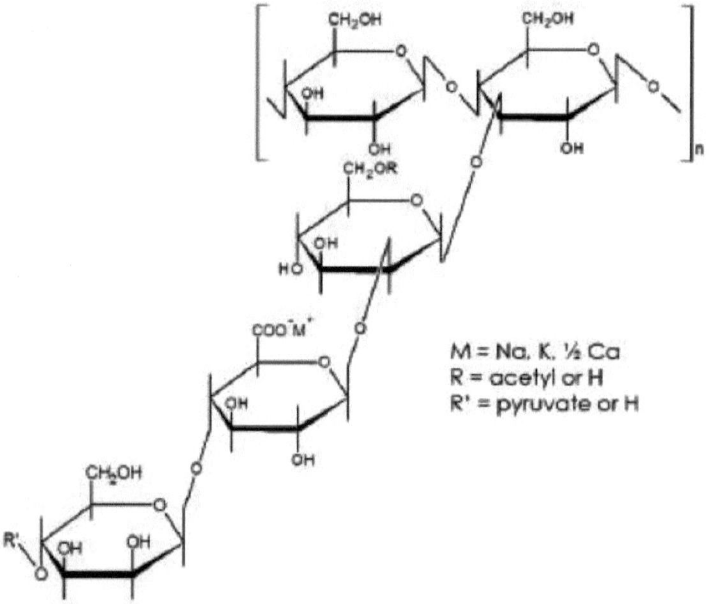

Fig. 2.12 Fórmulas de Haworth da goma xantana. A espinha dorsal é constituída por *ß* -1,4 unidades de glucose ligadas entre si, com uma cadeia lateral trissacarídica cuja unidade terminal de manose está ligada a um grupo piruvato e o resíduo não terminal contém geralmente um grupo acetilo. Retirado de [44].

Devido ao grupo carboxilo na cadeia lateral, a goma xantana representa moléculas de polissacáridos altamente carregadas com uma espinha dorsal polimérica muito rígida. Tem um peso molecular elevado de cerca de 2 500 000 g/mol com uma distribuição estreita e baixa polidispersão. Através de medições de XRD, a estrutura secundária da xantana pode ser elucidada como uma conformação helicoidal, em que a espinha dorsal é estabilizada pelas cadeias laterais [45]. Devido às cargas concentradas ao longo das cadeias laterais, estas repelem-se mutuamente e dobram-se em direção à espinha dorsal, resultando numa rigidez eletrostática. Em solução, a goma xantana forma uma rede semelhante a um gel fraco. Em 1984, Norton et al. apresentaram [46] um modelo em que os segmentos de cadeia helicoidal se dispõem lado a lado e são ligados por sequências desordenadas a uma rede tridimensional (figura 2.13a). No entanto, Nordqvist e Vilgis [47] [48] propuseram um modelo simples, considerando que as moléculas de xantana se comportam como bastonetes carregados e rígidos, que sofrem uma transição de encravamento sem equilíbrio acima de uma concentração crítica c^*, tal como foi demonstrado para sistemas neutros em [49]. Numa solução sem sal e a baixas concentrações de xantana, os bastões carregados repelem-se mutuamente de acordo com a interação de Coulomb, mas continuam a poder difundir-se e a xantana actua como um simples espessante. A concentrações mais elevadas, a competição entre a repulsão eletrostática e a diminuição da distância entre as moléculas de xantana cria conformações frustradas e é cada vez mais difícil manterem-se separadas umas das outras. A uma concentração crítica c^*, que depende fortemente do peso molecular, esta repulsão torna-se tão forte que o seu movimento é fortemente dificultado e as moléculas sofrem a chamada transição de encravamento, formando um logjam; as barras ficam congeladas em posições arbitrárias com orientações aleatórias. Esta imobilização baseia-se em múltiplos compromissos entre a minimização da energia e a maximização da entropia. Por um lado, as moléculas devem manter uma grande distância devido à repulsão eletrostática; por outro lado, são mantidas juntas pelo aumento da densidade. Consequentemente, acima de uma concentração crítica, uma dispersão de xantana sem sal é caracterizada por um comportamento sólido e de gel fraco.

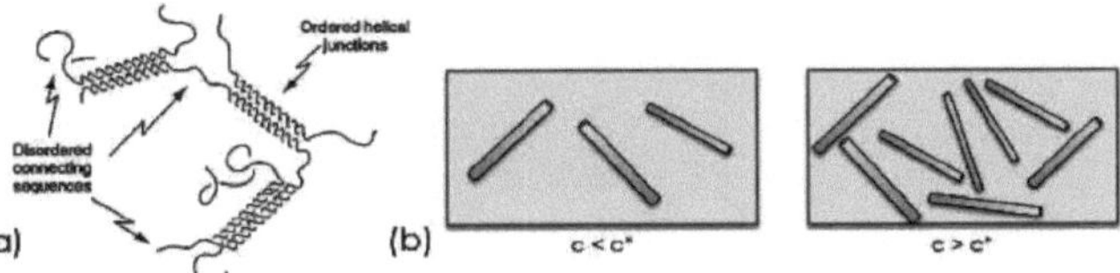

Fig. 2.13 Modelos de espessamento para a goma xantana. (a) Associação lado a lado de segmentos de cadeia helicoidal, ligados por regiões desordenadas. (b) A

xantana é um polielectrólito rígido e altamente carregado; à esquerda: a baixa concentração, os bastonetes podem mover-se sem impedimentos; à direita: a uma concentração mais elevada, as moléculas impedem-se fortemente umas às outras e congelam numa posição e orientação arbitrárias.

Numa mistura com outros polissacáridos, as moléculas de goma xantana rígidas e orientadas aleatoriamente reduzem a mobilidade e a difusão do co-soluto. As consequências físicas destes efeitos de bloqueio foram recentemente demonstradas em sistemas mistos de goma xantana e agarose [50], [51].

11.4.2 Carragenina

A carragenina é obtida a partir de algas vermelhas e representa um polissacárido comummente utilizado com uma grande polidispersidade. Podem distinguir-se três tipos principais: κ-, i- e X-carragenina. A κ- e a i-carragenina formam géis termicamente reversíveis, enquanto a

A X-carragenina é não gelificante [52]. Do ponto de vista molecular, a carragenina é constituída por uma espinha dorsal de unidades repetidas de galactose e 3,6-anidrogalactose, sulfatadas e não sulfatadas, ligadas alternadamente por ligações glicosídicas -1,3- e ß -1,4. Os três tipos diferem na quantidade e localização dos grupos éster sulfato e na proporção de 3,6-anidrogalactose (figura 2.14). A distribuição e a quantidade de grupos éster sulfato e o teor de anidrogalactose determinam as propriedades funcionais e a capacidade de gelificação. Após o arrefecimento de uma solução aquosa quente contendo vários sais, a κ-carragenina forma géis frágeis e firmes, a i-carragenina géis macios e elásticos e a X-carragenina apenas engrossa. Este trabalho investiga apenas a i-carragenina, devido à sinergia conhecida com o amido [52].

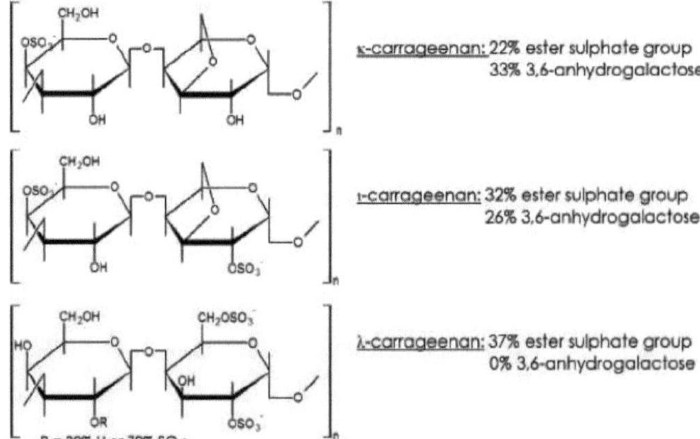

Fig. 2.14 Fórmulas de Haworth de diferentes tipos de carragenina.

Em comparação com a goma xantana, a i-carragenina é também um polielectrólito linear carregado, mas com uma espinha dorsal suficientemente flexível com um peso molecular que varia entre 200 000 e 800 000 g/mol. Consequentemente, em solução aquosa, as moléculas de carragenina distribuem-se como bobinas aleatórias com flexibilidade intrínseca da cadeia e são expandidas por efeitos polielectrólitos [53]. A arquitetura linear e a flexibilidade da cadeia são particularmente acentuadas na i-carragenina devido ao seu elevado teor de éster sulfato.

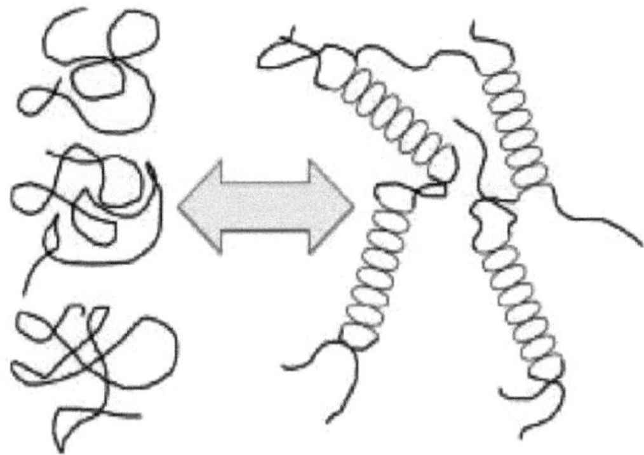

Fig. 2.15 Transição conformacional da carragenina durante o tratamento térmico.

Supõe-se que a i-Carragenina sofre uma transição desordenada induzida termicamente de uma conformação de bobina aleatória para uma conformação de dupla hélice durante o arrefecimento (figura 2.15). As zonas de junção de dupla hélice são ligadas por cadeias de carragenina desordenadas, resultando numa rede quase permanente, em que cada cadeia de carragenina passa por várias regiões helicoidais independentes, cada uma com uma cadeia diferente [54].

II.4.3 Goma de guar

A goma guar é obtida a partir das sementes de *Cyamopsis tetragonolobus* e pertence à família das gomas de sementes, que também são frequentemente associadas aos galactomananos. Os galactomananos (alfarroba, guar, alfarroba, tara, etc.) são polissacáridos neutros, cujas cadeias principais são constituídas por unidades manopiranosil (M) ligadas a β -1,4 com diferentes graus de substituição de unidades galactopiranosil (G) [15]. O rácio M/G depende da fonte botânica e determina a solubilidade e as propriedades reológicas das diferentes gomas de sementes. O guaran é o polissacárido funcional da goma guar, cujos grupos laterais galactopiranosil estão substituídos, em média, por cada segunda unidade da cadeia principal, ou seja, uma relação galactose/manose média de 1:2 e pesos moleculares entre 50 000 e 800 000 g/mol [8] (figura 2.16).

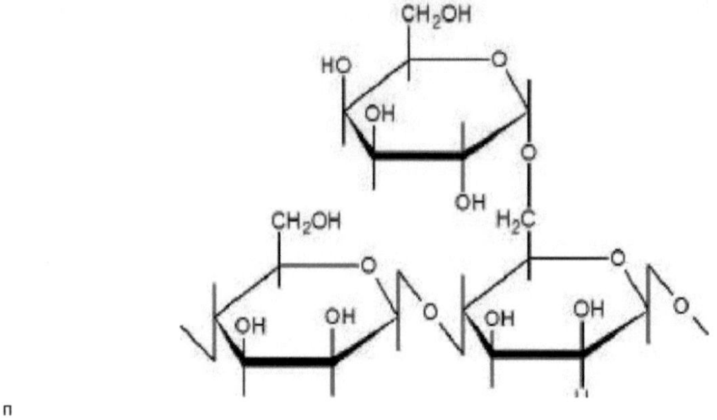

n

Fig. 2.16 Fórmulas de Haworth de guaraná.

O elevado rácio de substituição na goma de guar aumenta a solubilidade, conduzindo a uma menor cristalinidade e promovendo a penetração da água, permitindo uma hidratação completa em água fria [55]. Quando a goma de guar é dissolvida em água, a longa cadeia de manose desdobra-se e forma uma conformação de bobina aleatória aberta, flexível e não ordenada. Em baixa concentração, essas bobinas são bem separadas e capazes de se mover sem obstáculos dentro da solução. À medida que a concentração aumenta, as cadeias de polímeros entram em contacto, resultando em emaranhados mútuos e num aumento exponencial da viscosidade [55].

II.5 Misturas amido-hidrocolóides

As combinações de amido-hidrocolóide são amplamente utilizadas em alimentos processados para personalizar e conceber as propriedades da pasta de acordo com a aplicação pretendida e as exigências do cliente. Os amidos nativos, geralmente, não têm propriedades ideais para a preparação de produtos alimentares, pelo que são frequentemente modificados quimicamente para melhorar as condições de processamento e as texturas das pastas. A mistura com outros hidrocolóides alimentares pode melhorar a textura e pode ser utilizada para obter propriedades de fluxo específicas ou para reduzir os custos. Para além disso, ao proporcionar um "rótulo limpo", a utilização de termos como amido modificado, que assustam muitos clientes, pode ser evitada.

Em geral, os sistemas amido-hidrocolóides têm sido amplamente estudados na literatura e, recentemente, BeMiller [4] resumiu mais de 250 relatórios sobre diferentes misturas amido-hidrocolóides e métodos analíticos numa revisão pormenorizada. Demonstrou a complexidade destes sistemas, que contêm diferentes componentes de amido, hidrocolóides e água, e que, devido a uma variedade de grânulos de amido, polímeros de amido e moléculas de hidrocolóides, é provável que vários mecanismos funcionem e variem com diferentes amidos, hidrocolóides e métodos de preparação e medição. É bem conhecido que concentrações já baixas de outros hidrocolóides alimentares alteram drasticamente as propriedades de colagem e gelificação das dispersões de amido. Pensa-se que as modificações das propriedades macroscópicas em misturas de amido-hidrocolóide resultam de alterações durante o inchaço dos grânulos e a lixiviação da amilose, bem como da interação amido-hidrocolóide na fase contínua [56] [57] [58] [59] [60] [61]. Diferentes hidrocolóides têm efeitos diferentes nas propriedades de pasta e gel de um determinado amido devido à sua disparidade estrutural em termos de estrutura química, cargas iónicas, formas, flexibilidade/rigidez ou peso molecular [4]. Neste trabalho, o foco principal foi a carga iónica e a flexibilidade da cadeia polimérica dos hidrocolóides adicionados. A goma xantana e a i-carragenina, ambos polielectrólitos altamente carregados, diferem significativamente na rigidez da cadeia. As cadeias poliméricas da goma xantana têm uma estrutura mais rígida, enquanto as da i-carragenina são bastante flexíveis; a goma guar, pelo contrário, representa um polissacárido neutro com uma conformação global flexível. Em conclusão, supõe-se que todas as misturas entre amido e outros biopolímeros alimentares resultam numa incompatibilidade termodinâmica que conduz à separação de fases [62] ou na formação de redes de co-polímeros por interação sinérgica entre moléculas de amido e de hidrocolóides [58] [63]. O comportamento de fase de tais misturas de polissacáridos será discutido em mais pormenor no capítulo seguinte.

III. Reologia

Neste capítulo, é feita uma introdução geral à reologia e são apresentadas em pormenor as propriedades mecânicas dos fluidos e sólidos viscoelásticos. A reologia contém o estudo da deformação e do fluxo de materiais e baseia-se na resposta a uma tensão aplicada a nível macroscópico. Especialmente para os sistemas alimentares, a reologia é um método de análise importante, porque o comportamento do fluxo e da deformação define a estrutura dos alimentos durante os processos de produção ou as preparações na cozinha e pode simular a digestão fisiológica na boca, no estômago e no intestino [77]. O objetivo da caraterização reológica é quantificar a relação funcional entre a deformação ou as tensões e as propriedades reológicas resultantes, como a viscosidade, a elasticidade ou a viscoelasticidade.

III.1 Noções gerais sobre reologia

As propriedades mecânicas como a viscosidade, a elasticidade e a viscoelasticidade podem ser explicadas começando com um modelo simples para um fluxo laminar constante num meio puramente viscoso (figura 3.1a). Um material está localizado entre duas placas; enquanto a placa superior com a área A é movida com a força F numa direção aleatória, a amostra entre as placas é deformada. A razão entre a força F e a área A é definida como um tensor de tensão ^ e pode ser separada de acordo com a direção de aplicação da força: a aplicação paralela à normal à superfície A provoca alongamento ou compressão, enquanto as forças perpendiculares provocam cisalhamento com tensão de cisalhamento o (figura 3.1b).

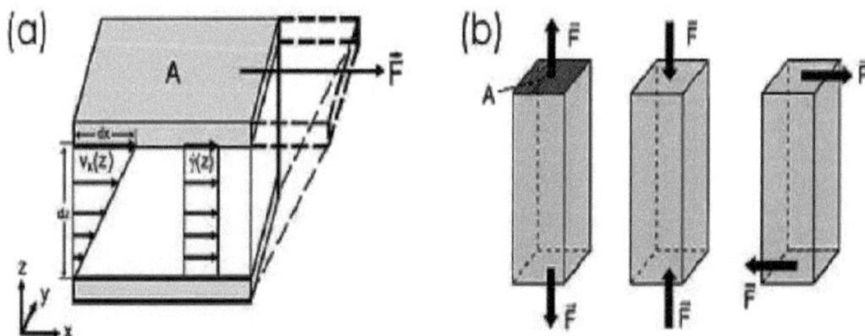

Fig. 3.1 (a) Distribuição da velocidade v_x (z) e taxa de cisalhamento y (z) actuando no modelo de duas placas. (b) Separação da direção da força F em alongamento, compressão e cisalhamento. Modificado de acordo com [78].

O deslocamento horizontal dx pode ser especificado em função da fenda de corte dz, que define a deformação de corte y. Durante o cisalhamento contínuo, um gradiente de velocidade dependente da abertura $v_x(z)$ estabelece-se na direção de cisalhamento x e pode ser transferido para a velocidade ou taxa de cisalhamento independente da abertura $\dot{\gamma}$:

$$\dot{\gamma}(z) = \dot{\gamma} = \frac{1}{dt}\frac{dx(z)}{dz} = \frac{dv_x}{dz} \qquad (3.1)$$

III.1.1 Deformação viscosa, elástica e viscoelástica

O comportamento de deformação dos materiais pode ser dividido em três propriedades e suas combinações: viscosidade, elasticidade e viscoelasticidade.

Deformação viscosa: Os fluidos ideais podem ser descritos pela *equação de Newton* (3.1), que é válida para um fluxo laminar constante, separado por camadas infinitesimais finas e incompressíveis que deslizam umas sobre as outras devido ao atrito interno:

$$\frac{F}{A} = \sigma = \eta \cdot \dot{\gamma} \qquad (3.2)$$

Os fluidos ideais apresentam uma proporcionalidade direta entre a tensão de cisalhamento o e a taxa de cisalhamento $\dot{\gamma}$, em que a viscosidade η actua como constante proporcional. A viscosidade é o atrito interno de um fluido ou a sua tendência para resistir ao fluxo. O caso em que a viscosidade é independente da taxa de cisalhamento é chamado de regime linear e uma viscosidade de taxa de cisalhamento zero η_0 pode ser medida. Quando η se torna uma função de $\dot{\gamma}$, o comportamento é designado por não linear. Os fluidos newtonianos são representados mecanicamente por um pote de traços, porque após a remoção da carga o fluido permanece completamente deformado.

Deformação elástica: A deformação de um material elástico ideal é completamente reversível após a remoção da carga e tem uma resposta elástica ideal. Este comportamento é ilustrado por uma mola, que recupera totalmente o seu estado inicial e pode ser descrito pela lei de Hook (3.3):

$$\sigma = G \cdot \gamma \qquad (3.3)$$

A tensão de corte σ comporta-se de forma proporcional à deformação ou tensão de corte y. Estão relacionadas uma com a outra pelo módulo de cisalhamento G, ou seja, a resposta da tensão está em fase com a excitação.

Escoamento viscoelástico e deformação: Todos os materiais possuem comportamento viscoso e elástico e, dependendo da parte dominante, apresentam propriedades de fluxo viscoelástico ou deformação em diferentes escalas de tempo. O comportamento do fluxo viscoelástico descreve a viscosidade a longo prazo, mas a deformação elástica a curto prazo. Os sólidos viscoelásticos apresentam uma deformação retardada que recupera lentamente. A viscoelasticidade ideal pode ser descrita através da combinação das leis de

Newton e de Hook em dois modelos diferentes. O *modelo de Maxwell* refere-se ao comportamento do fluxo viscoelástico e liga o pote de traço e a mola em série, ou seja, a tensão total carrega cada elemento em igual medida e a deformação total é obtida como soma das deformações individuais; a velocidade de cisalhamento ou deformação também se comporta de forma aditiva (figura 3.2). Os sólidos com propriedades viscosas adicionais podem ser descritos pelo *modelo de Kelvin-Voigt*. Assim, o pote de traços e a mola são dispostos de forma paralela e cada elemento é deformado na mesma medida (figura 3.2). A tensão total do sistema resulta da soma das equações de Hook e de Newton:

$$\sigma_{\text{total}} = G \cdot \gamma + \eta \cdot \dot{\gamma} \qquad (3.4)$$

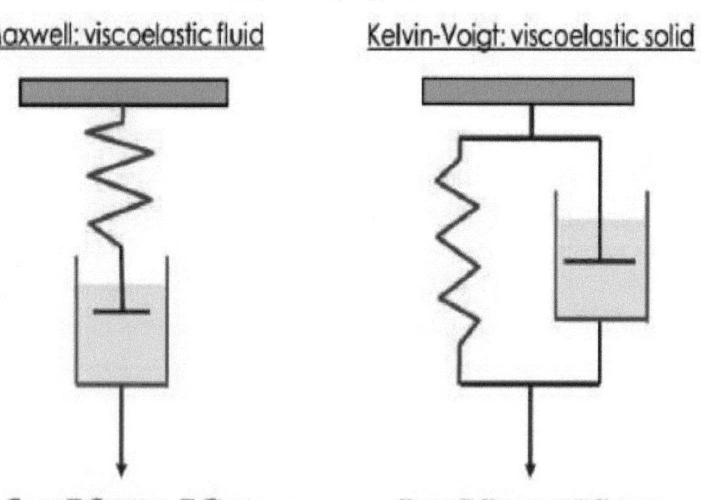

Fig. 3.2 Modelo de Maxwell para fluidos com componentes elásticos e modelo de Kelvin-Voigt para sólidos com componentes viscosos

III.1.2 Medições estáveis e dinâmicas

Nas medições de cisalhamento constante, é aplicada uma taxa de cisalhamento $\dot{\gamma}$ e a tensão de cisalhamento a ou diretamente a viscosidade η são medidas como resposta em condições de estado constante. No cisalhamento oscilatório, não só a tensão aplicada ou a taxa de cisalhamento, mas também a direção do cisalhamento muda permanentemente de forma sinusoidal com a frequência angular $\omega = 2\pi f$. Estas medições oscilatórias são designadas por medições dinâmicas devido à tensão em constante mudança. Nas medições dinâmicas, a amplitude da deformação y_0 segue uma excitação sinusoidal e o binário é medido. O deslocamento sinusoidal é dado pela seguinte equação:

$$\gamma = \gamma_0 \sin(\omega t) \qquad\qquad (3.5)$$

Aqui, γ define a tensão de deformação, γ_0 a amplitude do movimento sinusoidal e ωt a frequência de excitação. Quando esta deformação é aplicada a uma amostra, a tensão responde a esta excitação com um desfasamento de fase após algumas oscilações (figura 3.3). A tensão resultante, com um desvio de fase, é dada pela equação (3.6):

$$\sigma = \sigma_0 \sin(\omega t + \delta) \qquad\qquad (3.6)$$

Após a derivação da equação 3.5, pode ser obtida uma expressão para a taxa de cisalhamento:

$$\dot{\gamma} = \omega \gamma_0 \cos(\omega t) \qquad\qquad (3.7)$$

A tensão de cisalhamento pode ser separada em duas contribuições, o termo $\sin(\omega\omega\omega\omega)$ em fase e o termo $\cos(\omega t)$ $90°$ fora de fase [79]:

$$\sigma = \sigma'(t) + \sigma''(t) = \sigma_0'\sin(\omega t) + \sigma_0''\cos(\omega t) \qquad\qquad (3.8)$$

A tensão variável sinusoidal é geralmente expressa como uma quantidade complexa e pode ser dividida no módulo de armazenamento de cisalhamento $G'(\square\square)$ e no módulo de perda de cisalhamento $G''(\square\square)$ [79]:

A tensão variável sinusoidal é normalmente expressa como uma quantidade complexa e pode ser dividida no módulo de armazenamento de cisalhamento $G'(\omega)$ e no módulo de perda de cisalhamento $G''(\omega)$ [79]:

$$G * \frac{\sigma *}{\gamma *} = G' + iG'' \qquad\qquad (3.9)$$

$$G'(\omega) = \frac{\sigma'_0}{\gamma_0} = \frac{\sigma_0}{\gamma_0}\cos(\delta) \qquad\qquad (3.10)$$

$$G''(\omega) = \frac{\sigma''_0}{\gamma_0} = \frac{\sigma_0}{\gamma_0}\sin(\delta) \qquad\qquad (2.11)$$

Na equação 3.9, a parte real G' reflecte a parte elástica e a parte imaginária G'' a parte viscosa do módulo complexo G*. Assim, a tensão de corte é constituída por uma parte que segue a lei de Hook e por uma parte que segue a lei de Newton. Numa resposta puramente viscosa, a deformação e a tensão estão fora de fase $(\delta=90°)$ e, numa resposta puramente elástica, a deformação e a tensão estão em fase $(\delta=0)$. Os materiais mais complexos em que o ângulo entre a deformação e a tensão varia entre 0° e 90° são designados materiais viscoelásticos [78].

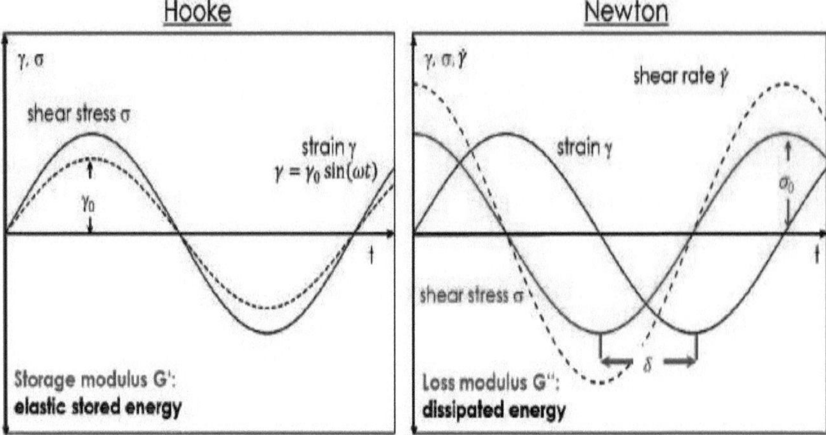

Fig. 3.3 O módulo de armazenamento G' expressa a parte elástica de um material viscoelástico em que a tensão de cisalhamento responde diretamente em fase a uma tensão aplicada. O módulo de armazenamento conta a energia de deformação armazenada durante o processo de cisalhamento, que fica completamente disponível após a remoção da carga e permite que o material recupere completamente. O módulo de perda G" define a parte viscosa da amostra através da resposta atrasada da tensão de cisalhamento (mudança de fase). O módulo de perda representa a energia de deformação dissipada e perdida que foi necessária para alterar a estrutura da amostra ou que foi libertada para o ambiente. Os materiais viscoelásticos variam entre estes dois casos limite. Cada medição periódica ou dinâmica a uma dada frequência fornece simultaneamente duas quantidades dependentes, G'e G" ou $\tan^{\delta}$, que é conhecido como fator de perda e define a relação entre a parte viscosa e a parte elástica, ou seja, o ângulo entre a excitação e a resposta:

$$\mathrm{tg}\delta = \frac{G''}{G'} \tag{3.12}$$

A Tabela 3.1 resume cinco casos limite de comportamentos de materiais e as suas propriedades matemáticas:

Tabela 3.1 Comportamentos dos materiais e suas propriedades mecânicas. De acordo com [78].

Comportamento ideal do fluxo viscoso	Fluidos viscoelásticos	Materiais viscoelásticos ideais	Géis ou sólidos viscoelásticos	Comportamento ideal de deformação elástica
$\delta = 90^0$ $\tan\delta \to \infty$ $G' \to 0$	$90^0 \delta 45^0$ $\tan\delta 1$ $G'' G'$	$\delta=45^0$ $\tan\delta=1$ $G''=G'$	$45^0 \delta 0^0$ $\tan\delta$ G''	$\delta=0^0$ $\tan\delta \to 0$ $G'' \to 0$

III.2 Propriedades dos alimentos fluidos

Os alimentos podem ser classificados em diferentes grupos, tais como sólidos, géis, fluidos homogéneos, suspensões de sólidos em líquidos e emulsões [80]. Os alimentos fluidos não mantêm a sua forma após a deformação e, além disso, os que contêm quantidades significativas de polímeros de elevado peso molecular dissolvidos e/ou sólidos em suspensão apresentam um comportamento de fluxo não-Newtoniano, ou seja, propriedades viscoelásticas. Uma pequena quantidade de um polímero dissolvido pode aumentar a viscosidade e alterar as características de fluxo do solvente.

111.2.1 Comportamento do fluxo de fluidos

Os principais comportamentos de escoamento dos fluidos podem ser monitorizados num diagrama de cisalhamento da taxa de cisalhamento versus tensão de cisalhamento (figura 3.4a) ou numa curva de escoamento em que a taxa de cisalhamento é representada pela viscosidade (figura 3.4b). Em função da taxa de cisalhamento, os materiais podem ter três respostas mecânicas principais: newtoniana, diluição por cisalhamento e espessamento por cisalhamento, subdivididas em função da presença de uma tensão de cedência $<J0$ ou de uma viscosidade de cisalhamento nula η_0 .

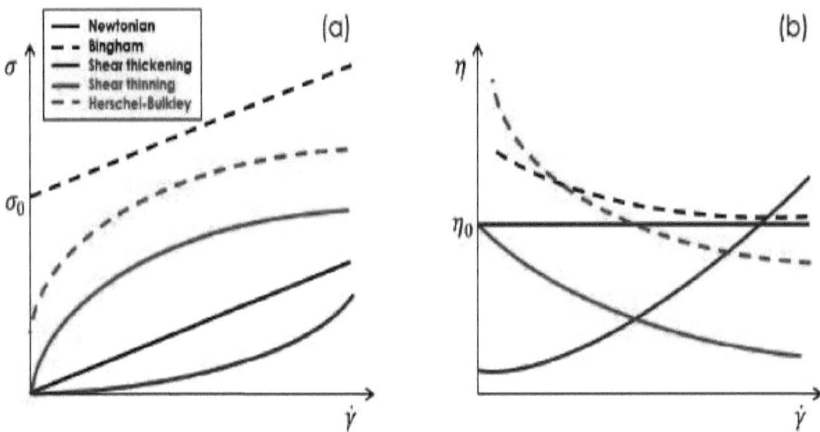

Fig. 3.4 Diagrama de cisalhamento da taxa de cisalhamento $\dot\gamma$ versus a) tensão de cisalhamento σ e b) viscosidade η para cinco tipos diferentes de comportamentos de fluxo de fluido.

Comportamento newtoniano: Para os fluidos newtonianos, a taxa de cisalhamento é diretamente proporcional à tensão de cisalhamento e a viscosidade permanece constante durante toda a gama de taxas de cisalhamento.

O comportamento de escoamento dos fluidos newtonianos é descrito pela equação de Newton simples (3.2). Alguns materiais têm de ultrapassar um determinado valor limite de tensão antes de começarem a escoar, a tensão de cedência σ_0 que define a transição da deformação elástica reversível para a irreversível. Estes materiais, que exigem uma tensão de cedência para que a viscosidade se mantenha constante com o aumento da tensão ou da taxa de corte, são designados por fluidos plásticos de Bingham e são descritos pela seguinte equação:

$$\sigma = \sigma_0 + \eta'\gamma \tag{3.13}$$

O diagrama de tensões (figura 3.4a) mostra os fluidos newtonianos e os plásticos de Bingham como linhas rectas em que o gráfico newtoniano começa na origem e o gráfico de Bingham em σ_0 Devido à proporcionalidade constante da tensão de corte e da taxa para o fluido newtoniano, a sua curva de fluxo (figura 3.4b) corre paralelamente à abcissa; a do plástico de Bingham só depois de ultrapassar a tensão de cedência.

Comportamento de diluição/espessamento por cisalhamento: Os fluidos de diluição por cisalhamento mostram uma tensão de cisalhamento ou viscosidade decrescente com o aumento da taxa de cisalhamento, ou seja, uma taxa de cisalhamento crescente dá um aumento menos do que proporcional na tensão de cisalhamento. O comportamento de espessamento por cisalhamento mostra o caminho oposto, ou seja, um aumento da tensão de cisalhamento dá um aumento mais do que proporcional na taxa de cisalhamento. Para descrever a relação entre a taxa de cisalhamento e a tensão de cisalhamento, são necessários mais parâmetros. O modelo da lei da potência descreve os dados de fluidos com diluição por cisalhamento e espessamento por cisalhamento [81]:

$$\sigma = K\dot{\gamma}^n \tag{3.14}$$

$$\log\sigma = \log K + n\log\{\dot{\gamma} \tag{3.15}$$

em que K define o coeficiente de consistência como a tensão de cisalhamento a $0,1\ s^{-1}$ e n o índice de comportamento do fluxo sem dimensão e reflecte a semelhança com o fluxo newtoniano $(n=1\ and\ K=\eta)$. For $\eta<1$ o fluido está a diluir-se por cisalhamento e para n>1 está a espessar-se por cisalhamento com o aumento da taxa de cisalhamento. As coordenadas logarítmicas são frequentemente utilizadas para identificar diretamente uma dependência linear. No diagrama de tensões (figura 3.4), as curvas de afinamento ou espessamento por cisalhamento podem começar na origem e mostrar uma viscosidade de cisalhamento zero no diagrama de fluxo; mas também podem exibir uma tensão de cedência que pode ser incluída na lei de potência e é conhecida como modelo de Herschel-Bulkley [81]:

$$\sigma = \sigma_{OH} + K_H \dot{\gamma}^{n_H} \tag{3.16}$$

O afinamento por cisalhamento é suposto ocorrer quando, durante o cisalhamento, as partículas se deformam ou orientam de acordo com o fluxo e minimizam a resistência ao fluxo. Esta minimização depende da natureza do material (figura 3.5). As partículas anisotrópicas orientam-se de forma paralela ao longo da direção do fluxo; as partículas isotrópicas organizam-se em camadas paralelas que podem deslizar umas contra as outras e as partículas deformáveis, como as gotículas, adoptam a deformação por cisalhamento. Os agregados de partículas podem ser destruídos pela força de cisalhamento e são separados nessas partículas primárias. O comportamento de diluição por cisalhamento dos polímeros é gerado pelos seus emaranhados. Durante o cisalhamento, as moléculas do polímero endireitam-se ao longo da direção de cisalhamento, desemaranham-se parcialmente e minimizam a resistência ao fluxo. Condições extremas de cisalhamento podem levar a uma rutura e destruição das cadeias poliméricas, resultando numa degradação da estrutura química [78].

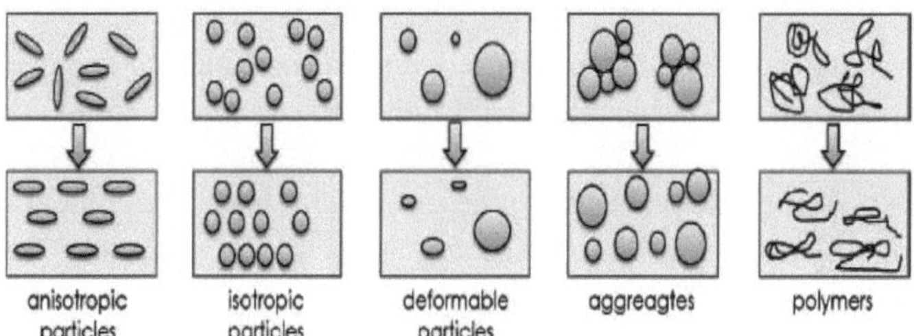

Fig. 3.5 Alterações na estrutura de diferentes dispersões durante o cisalhamento.

As soluções poliméricas podem apresentar, a baixas taxas de cisalhamento, uma viscosidade constante, o valor de patamar η_0 é chamado de viscosidade de cisalhamento zero (figura 3.4b) e, após atingir uma taxa de cisalhamento crítica, a amostra apresenta afinamento por cisalhamento. A baixas taxas de cisalhamento, a libertação de emaranhados causada pelo cisalhamento e a sua reformação causada por movimentos Brownianos equilibram-se mutuamente e é atingida uma densidade constante de emaranhados, provocando a viscosidade de cisalhamento zero. A uma taxa de cisalhamento mais elevada, o tempo torna-se insuficiente para a reforma de todos os emaranhados libertados, pelo que o número de densidade de emaranhados diminui com o aumento da taxa de cisalhamento e a amostra apresenta um afinamento por cisalhamento. Este regime segue a lei da potência e pode estender-se por várias décadas na taxa de cisalhamento. A taxa de cisalhamento crítica onde o afinamento por cisalhamento começa é o recíproco do tempo de relaxamento caraterístico necessário para formar novos emaranhados [82]. O valor de η_0 na gama de baixo cisalhamento depende significativamente da concentração do polímero. Como já foi demonstrado em 3.1, as soluções poliméricas têm de atingir uma concentração crítica c* para formar uma densidade constante de emaranhados. Assim, as soluções poliméricas de baixa concentração sem densidade efectiva de emaranhados comportam-se como viscosas ideais e a viscosidade é diretamente proporcional à concentração de partículas (figura 3.6a).

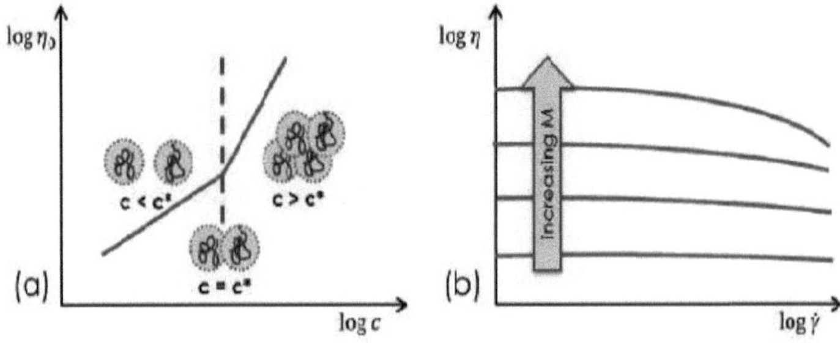

Fig. 3.6 Viscosidade de cisalhamento zero em dependência de a) concentração de polímero e b) peso molecular. Modificado de acordo com [78].

As soluções de polímeros concentrados com densidade de emaranhamento constante apresentam uma viscosidade de cisalhamento zero crescente com o aumento da concentração e do peso molecular (figura 3.6b). A densidade de emaranhamento efectiva depende da concentração do polímero, bem como do comprimento da sua cadeia, ou seja, do peso molecular. Com o aumento do peso molecular, o número de emaranhados efectivos aumenta e, consequentemente, a viscosidade de cisalhamento zero aumenta. Em soluções diluídas, a viscosidade intrínseca pode também ajudar a caraterizar a solução de polímero. A viscosidade intrínseca $[\eta]$ de um polímero em solução depende apenas da dimensão da cadeia polimérica, ou seja, do volume hidrodinâmico e está relacionada com o peso molecular e com o raio de giração [80].

Comportamento dependente do tempo: A viscosidade e a tensão de cisalhamento dos fluidos também podem depender da duração de um cisalhamento constante. O afinamento ou espessamento por cisalhamento não é produzido apenas pelo aumento da taxa de cisalhamento, mas também por uma deformação prolongada com cisalhamento constante. O afinamento por cisalhamento ao longo do tempo é chamado de tixotrópico e o espessamento por cisalhamento é conhecido como comportamento anti-tixotrópico. A (anti)tixotropia pode ser identificada medindo a tensão de cisalhamento na dependência da primeira ordem ascendente da taxa de cisalhamento e imediatamente seguida na ordem descendente. Para os fluidos tixotrópicos, as curvas recebidas não coincidem, pelo que os valores da segunda série são inferiores aos da primeira série. Os materiais anti-tixotrópicos, pelo contrário, apresentam valores de tensão de corte mais elevados na ordem descendente da taxa de corte do que na ordem ascendente [81].

111.2.2   Efeito da temperatura

A temperatura tem um grande efeito sobre a viscosidade e outras propriedades mecânicas dos alimentos fluidos, especialmente sobre a viscosidade aparente a uma taxa de cisalhamento específica ou sobre o índice de consistência, K, da lei de potência na equação 3.14. O efeito da temperatura na viscosidade aparente η_{app} a uma taxa de cisalhamento específica ou o índice de consistência K pode ser descrito, por exemplo, pela relação de Arrhenius [81]:

$$\eta_{app} = \eta_{\infty A}\exp\left(\frac{E_a}{RT}\right) \qquad (3.17)$$

$$K_{app} = K_{\infty}\exp\left(\frac{E_a}{RT}\right) \qquad (3.18)$$

$\eta_{\infty A}$ e K_{∞} definem o fator de frequência ou, em geral, o fator pré-exponencial, E_a a energia de ativação para o fluxo elementar e RT a energia térmica como produto da constante do gás e da temperatura. A expressão completa $\exp\left(-\frac{E_a}{RT}\right)$ corresponde ao fator de Boltzmann e dá a probabilidade de as moléculas ultrapassarem a barreira energética. Com o aumento da temperatura, a energia de todo o sistema aumenta consequentemente e cada vez mais energia está disponível para mover as moléculas e para atravessar a barreira de energia para o fluxo elementar, o que conduz, de acordo com a equação 2.17, a uma diminuição da viscosidade.

111.2.3   Polielectrólitos

Os polielectrólitos são polímeros solúveis em água com grupos iónicos quer nos átomos da cadeia principal, como no caso da i-carragenina, quer nas cadeias laterais, como no caso da goma xantana. Enquanto que para os polímeros não carregados em solução se pode encontrar uma conformação em espiral aleatória, os polielectrólitos têm, dependendo da sua carga, uma conformação mais estendida devido à repulsão eletrostática. Viscosidade reduzida:

$$\eta_{red} = \frac{\eta_{sp}}{c} \qquad (3.19)$$

onde $\quad \eta_{sp} = \frac{\eta - \eta_0}{\eta_0} = \eta_{rel} - 1 \qquad (3.20)$

$$\eta_{rel} = \frac{\eta}{\eta_0} \qquad\qquad (3.21)$$

com

dos polielectrólitos aumentam fortemente com o aumento da concentração do polímero, passam por um máximo e depois diminuem [64]. Este máximo de $^\wedge_{red}$ é mais pronunciado na ausência de um sal de baixo peso molecular adicionado e diminui com o aumento da concentração de sal.

Os polielectrólitos estão pouco dissociados tanto a uma concentração elevada de polielectrólito sem adição de sal como a uma concentração baixa de polielectrólito com uma concentração elevada de sal adicionado. Quanto mais baixa for a concentração do polielectrólito, mais os grupos poliméricos se dissociam e mais se repelem entre si. Como resultado, as dimensões das moléculas e, por conseguinte, as viscosidades reduzidas aumentam fortemente com a diminuição da concentração de polímero. A adição de sal aumenta a força iónica no exterior das bobinas em relação ao interior, e os efeitos osmóticos fazem com que a água saia da bobina de polímero que, por conseguinte, se contrai.

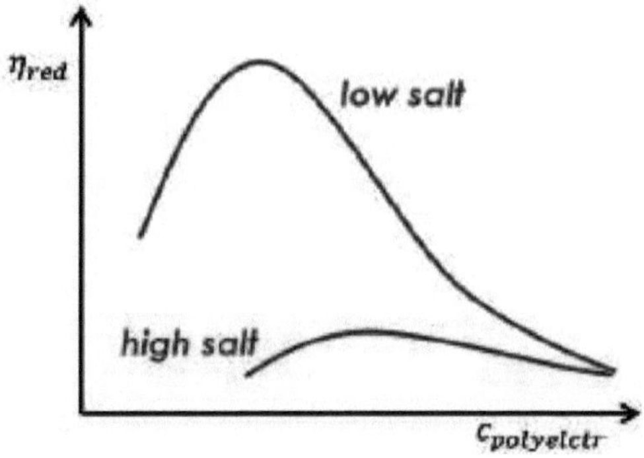

Fig. 3.7 Viscosidade reduzida em função da concentração de polielectrólito em solução aquosa com várias concentrações de sal. Modificado de acordo com [64].

Além disso, os contra-iões adicionados podem reduzir a repulsão eletrostática no interior da bobina. Ambos os efeitos reduzem o diâmetro da bobina e, por conseguinte, a viscosidade reduzida, em comparação com a dimensão da bobina em soluções sem sal. Para soluções diluídas de polielectrólitos sem sal, prevê-se uma proporcionalidade de $\eta \approx c^{5/4}$, semelhante a soluções semiconcentradas de não electrólitos. Em soluções aquosas semidiluídas de polielectrólitos, assume-se que as moléculas se comportam como cadeias de bolhas electrostáticas interligadas, cuja viscosidade específica aumenta com a raiz quadrada da concentração [64]. Para os hidrocolóides carregados, esta cadeia de bolhas implica o alongamento eletrostático pelas cargas colocadas ao longo das cadeias e um endurecimento adicional da espinha dorsal [83].

111.2.4   Papel das partículas de enchimento

A viscosidade de dispersões concentradas de sólidos que não interagem entre si depende fortemente da fração volumétrica φ dos grânulos em suspensão e da viscosidade relativa da dispersão, simplificada para colóides esféricos em solução de acordo com a equação de Einstein [84]:

$$\eta(\varphi) = \eta_0(1 + 2.5\varphi) \qquad\qquad (3.22)$$

em que $\eta(\varphi)$ é a viscosidade da dispersão e η_0 a viscosidade da fase contínua. Consequentemente, com o aumento da quantidade de sólidos rígidos, a viscosidade da dispersão aumenta significativamente. A forma dos colóides determina apenas factores numéricos e a equação 3.22 pode também ser adaptada para hidrocolóides flexíveis e não iónicos, tendo em conta a concentração, o peso molecular ou a estrutura dos polímeros dissolvidos [83].

III.3 Reologia das gomas e géis alimentares

As gomas e os géis alimentares têm uma taxa de fluxo muito inferior à dos fluidos alimentares e são capazes de reter e reconstruir a sua forma anterior após a deformação, dependendo da extensão da sua parte elástica, apresentando um comportamento semelhante ao dos sólidos. Muitos hidrocolóides solúveis em água formam dispersões viscoelásticas ou mesmo géis físicos, estruturados por uma interação fraca. A nível molecular, um gel é constituído por uma rede contínua de moléculas de polímero, em que as propriedades macroscópicas de resistência à tensão são mediadas por uma estrutura de cadeias de polímero ao longo de todo o gel [18]. Dependendo da força da rede tridimensional, podem distinguir-se géis fracos e fortes. Os géis fracos, como a goma xantana, são transitórios no tempo e podem ser facilmente quebrados pela aplicação de tensão. Os géis fortes, como a agarose, pelo contrário, têm uma energia finita que mantém a forma através de cadeias de polímeros fisicamente reticuladas. Tanto para os géis fracos como para os fortes, o módulo de armazenamento domina o módulo de perda em toda a gama de frequências, mas o módulo de armazenamento para os géis fortes permanece quase independente da frequência e excede significativamente o módulo de perda. Os géis fracos têm, pelo contrário, uma dependência muito maior da frequência para os módulos de armazenamento e de perda, sugerindo processos de relaxação mesmo em escalas temporais curtas, ou seja, frequências elevadas, e, além disso, valores mais baixos do módulo de armazenamento, indicando uma pior recuperação de energia [85].

111.3.1   Tratamento de modelos de géis

A resposta elástica de uma rede de gel pode ser explicada com a ajuda de uma borracha ideal. Um material de borracha pode ser considerado como uma rede tridimensional macroscópica de cadeias de polímeros com ligações cruzadas covalentes em ambas as extremidades. Estas ligações cruzadas impedem que os filamentos da cadeia se desprendam com uma deformação aplicada, permitindo que as borrachas recuperem as suas conformações e formas quando a deformação é libertada [86]. De um ponto de vista entrópico, o estiramento das cadeias poliméricas durante o corte é inadequado, razão pela qual a elasticidade da borracha e a origem da força de restauração resultam da recuperação da entropia após a deformação. Assim, apenas as propriedades elásticas têm de ser consideradas durante o corte de um material de borracha. Em contrapartida, os polímeros não reticulados apenas apresentam uma resposta elástica em caso de deformação momentânea, enquanto que em caso de cadeias de moléculas prolongadas não é possível o fluxo e a recuperação da forma. Assim, as contribuições elásticas e viscosas têm de ser analisadas. No entanto, o módulo de cisalhamento para essas redes de borracha pode ser simplificado como [70]:

$$G = \frac{\rho RT}{M_c} \approx \frac{k_B T}{\xi^3} \qquad (3.23)$$

onde p é a densidade do material de borracha, RT o produto da constante dos gases e da temperatura, M_c o peso molecular médio de uma cadeia de fios entre duas ligações cruzadas adjacentes e ξ^3 o tamanho da malha tridimensional. Consequentemente, num material de borracha ideal, o módulo de cisalhamento é diretamente proporcional ao número de ligações cruzadas, comportando-se de forma recíproca a M_c. Para esta simplificação, algumas restrições devem ser levadas em conta: (1) a rede contém N cadeias por volume e uma cadeia define os segmentos da molécula entre duas ligações cruzadas; (2) durante a deformação, o volume permanece constante; (3) a distância média quadrada de ponta a ponta das cadeias não tensionadas é igual à das cadeias livres; e (4) a entropia das redes resulta da soma das entropias das cadeias individuais [18]. Estas bases físicas para a elasticidade da borracha são também responsáveis pelo comportamento viscoelástico de outras redes poliméricas. Num líquido polimérico com uma densidade de emaranhamento suficientemente elevada, os emaranhamentos podem ser tratados como ligações cruzadas "moles", transitórias e impermanentes, que podem ser consideradas fixas antes da aplicação da deformação e o módulo de cisalhamento também depende desses números. Ao transferir esta conceção da elasticidade da borracha para as redes de biopolímeros, deve notar-se que as ligações cruzadas consistem numa interação física de baixa energia e não se limitam a pontos únicos, mas correspondem a zonas de junção alargadas. Além disso, as cadeias poliméricas podem ter vários graus de rigidez em função da temperatura, o que também pode influenciar significativamente o módulo de cisalhamento do material [18]. No entanto, podem ser feitas adaptações das teorias de rede para a elasticidade da borracha para géis de polímeros moles com redes mais ou menos transitórias, em que as zonas de junção são temporárias e não permanentes, de modo que, por movimento térmico, as junções existentes podem ser continuamente destruídas para formar novas [87]. Não se pode esperar uma concordância total, uma vez que a estrutura real destas redes é mais complicada do que a dos géis com ligações cruzadas pontuais simples e cadeias totalmente flexíveis, para as quais a relação de escala da equação 2.23 é derivada [83].

111.3.2   Transição sol-gel e desenvolvimento de estruturas

Durante a gelificação, um polímero sofre uma transição de um sol com carácter líquido, $G''>G'$, para um gel com um comportamento semelhante a um sólido, $G'>G''$. Esta transição acompanha-se de uma perda de entropia e tem de ser compensada por um ganho de entalpia através da formação de zonas de junção de cadeias individuais de polímeros. Este processo de formação aleatória de zonas de junção entre diferentes moléculas pode continuar até resultar numa rede tridimensional [88]. Perto do ponto de gel, onde G' cruza G'' numa dada frequência, o tempo de relaxamento das cadeias poliméricas aumenta acentuadamente e finalmente diverge até ao infinito no ponto de gel. Após o ponto de gel, quando a rede se desenvolveu, o tempo máximo de relaxação da rede é atingido. Durante o desenvolvimento da rede, ambos os módulos G' e G'' aumentam como resultado do aumento da densidade das zonas de junção, mas $\square'$ aumenta mais acentuadamente até exceder G''. Após o ponto de gel, $\square'$ continua a aumentar, mas em menor extensão, devido à formação mais lenta e aos rearranjos sem equilíbrio das zonas de junção, resultando em cadeias elasticamente activas mais curtas [18]. Muitos géis de biopolímeros apresentam propriedades viscoelásticas decrescentes com o aumento da temperatura. As ligações de hidrogénio estabilizadoras da rede ou a interação eletrostática são muito instáveis em termos de calor e, além disso, devido à rigidez da cadeia dependente da temperatura, um aumento da temperatura ambiente leva a uma diminuição dos módulos.

111.3.3   Géis mistos e preenchidos - géis compostos

Os sistemas mistos de dois ou mais biopolímeros apresentam um comportamento mecânico diferente do dos componentes individuais e podem ser obtidas novas estruturas e texturas alimentares. São possíveis diferentes combinações e propriedades resultantes em tais sistemas multicomponentes. A interação segregativa, resultante da incompatibilidade termodinâmica, quer por separação de fases quer por efeitos de exclusão, promove geralmente a auto-associação dentro de

uma fase única. No entanto, alguns sistemas podem mostrar gelificação associativa dos diferentes polímeros em zonas de junção cooperativa ordenadas conformacionalmente [18]. As propriedades viscoelásticas do gel misto alteram-se consideravelmente em comparação com as de cada componente. Podem comportar-se de forma sinérgica, ou seja, os módulos do gel composto são superiores à soma dos géis individuais, podem ser aditivos, quando os módulos se somam, ou antagónicos, ou seja, comportam-se de forma contrária, produzindo valores inferiores dos módulos mistos. No entanto, os perfis viscoelásticos resultantes dos géis mistos dependem principalmente da interação envolvida entre os polímeros, associativa ou segregativa, da sua proporção na mistura, das condições iónicas e da temperatura [18]. Takayanagi e colaboradores apresentaram as propriedades viscoelásticas de materiais heterogéneos em termos de modelos mecânicos simples que compreendem elementos ligados parcialmente em série e parcialmente em paralelo [89] (figura 3.8). Na disposição em paralelo, a deformação do componente mais fraco é limitada pelo módulo do material mais forte e ambos os componentes são deformados na mesma medida. A tensão total resulta da soma das tensões individuais $\sigma_{total} = \sigma_1 + \sigma_2 + \sigma_3 + ...$. Na disposição em série, a resistência do componente mais fraco limita a deformação transmitida ao material mais forte e a tensão total é $\gamma_{total} = \gamma_1 + \gamma_2 + \gamma_3 + ...$ [90].

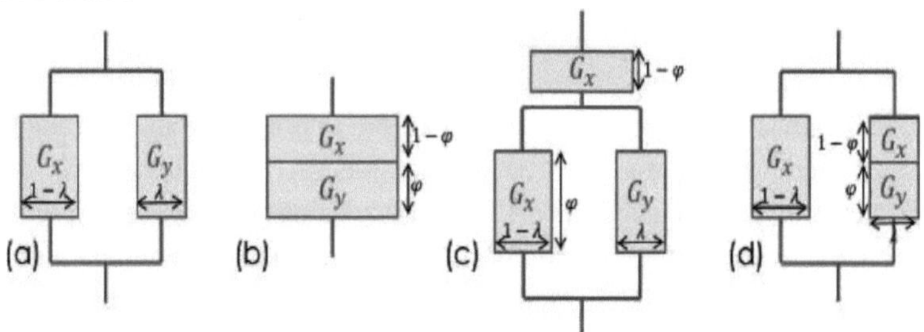

Fig. 3.8 Modelos para sistemas de duas fases. (a) e (b) apresentam as disposições clássicas em paralelo (isostrain) e em série (isostress); (c) e (d) ilustram as combinações destes dois casos limite. λ e ϕ denotam a fração de volume correspondente. Modificado de [90].

Outros sistemas mistos podem ser descritos como compósitos de matriz de enchimento. Os compósitos com enchimento têm geralmente módulos elásticos maiores do que os da matriz sem enchimento. Foram desenvolvidos vários modelos para descrever este efeito e são comparáveis à equação de Einstein (3.22) para sistemas fluidos com a forma geral:

$$G' = G'_0(1 + 2.5\varphi) \quad \text{or} \quad \frac{G'}{G'_0} = \frac{1 + AB\varphi}{1 - B\varphi} \qquad (3.24)$$

onde G'_0 e G' são os módulos da matriz não preenchida e do compósito preenchido, respetivamente, A é um fator geométrico e B é uma função de A e do rácio dos módulos do material de enchimento e da matriz [91]. Consequentemente, a baixas concentrações, quando as partículas de carga não interagem entre si, contribuem principalmente através da sua fração volumétrica (p. Um gel de amido, por exemplo, pode ser entendido como uma rede separada por fases de restos de grânulos elásticos não dissolvidos, embebidos numa matriz contínua de cadeias poliméricas de amilose emaranhadas e segmentos de amilopectina altamente ramificados [71]. O módulo destes géis compostos depende da rigidez da matriz de amilose e da fração volumétrica e rigidez das partículas de enchimento (restos de grânulos). Em comparação com a equação 3.24, o módulo reológico dinâmico do compósito pode ser denotado como G', o da matriz de amilose G'_0 e a fração volumétrica dos grânulos como φ. . Em geral, para partículas de carga não interactivas e distribuídas aleatoriamente, o módulo de cisalhamento do compósito produz um reforço elástico que é independente do tamanho das partículas e aumenta com o aumento da fração volumétrica. Assim, os efeitos nas propriedades viscoelásticas resultam da ocupação parcial do volume pelas massas rígidas e imóveis [79].

IV. Misturas de Amido-Galactomananos: Comportamento Reológico e de Viscosidade em
Sistemas Aquosos para Modelação de Alimentos
IV.1. Introdução

O amido é um dos biopolímeros mais amplamente utilizados e estudados devido ao seu baixo custo, acessibilidade e capacidade de fornecer uma vasta gama de propriedades funcionais aos sistemas alimentares. As alterações estruturais que ocorrem ao longo do tempo (processos de formação de gel, retrogradação e sinérese) dificultam o controlo do comportamento reológico. A retrogradação do amido refere-se ao processo em que as cadeias desagregadas de amilose e amilopectina numa pasta de amido gelatinizado se reassociam para formar estruturas mais ordenadas [92]. A agregação e a recristalização das moléculas de amido são processos importantes a gerir, porque estes factores contribuem para o controlo das propriedades texturais dos produtos à base de amido.

Uma vez que as pastas e os géis de amido nativo apresentam frequentemente uma baixa resistência às condições de processamento, os amidos nativos são substituídos por amidos quimicamente modificados em produtos alimentares ou misturados com outros hidrocolóides. É bem conhecido na indústria alimentar que os hidrocolóides não amiláceos têm muitas funções, tais como melhorar a textura e a retenção de humidade, prolongar o prazo de validade do produto e controlar as propriedades reológicas [93, 94]. O controlo das propriedades reológicas do amido é importante para regular os processos do produto e otimizar a sua aplicabilidade em produtos alimentares. Os investigadores estudaram o efeito dos hidrocolóides nas propriedades reológicas dos amidos e verificaram que a viscosidade, a retrogradação das dispersões de amido e a sinérese dos géis de amido são influenciadas pela adição de hidrocolóides [95 - 97].

Os galactomananos são amplamente utilizados na indústria devido às suas propriedades funcionais, como agentes espessantes, aglutinantes e estabilizadores. Os galactomananos são considerados ingredientes funcionais que podem alterar a taxa de degradação dos hidratos de carbono, como o amido, durante a digestão, regulando assim os níveis de insulina, o que é fundamental na prevenção da obesidade e da diabetes [98].

Este capítulo teve como objetivo rever a investigação recente detalhada sobre as propriedades reológicas e funcionais dos amidos e das suas misturas com alguns galactomananos para desenvolver alimentos estruturados. Além disso, a compreensão das características reológicas destes produtos é importante para adquirir conhecimentos sobre estas interacções moleculares.

As medições reológicas podem ser importantes para controlar as propriedades físico-químicas com a adição de hidratos de carbono específicos, como o amido e os galactomananos. Esta investigação pode resultar no desenvolvimento inovador de produtos. As experiências rotacionais e oscilatórias e o comportamento da viscosidade são apresentados como exemplos.

IV.2. Métodos de medição reológica e de viscosidade

São normalmente utilizadas várias técnicas para caraterizar a transição térmica do amido e para distinguir entre o comportamento sólido e líquido dos alimentos. Estas podem ser úteis no reconhecimento de interacções e falhas estruturais que o amido sozinho pode apresentar, apoiando a adição de hidrocolóides, como os galactomananos, e encontrando a quantidade e o tipo necessários para melhorar as propriedades do amido.

A colagem pode ser medida utilizando um analisador rápido de viscosidade (RVA), a fim de obter o perfil de colagem e os parâmetros relacionados com este fenómeno. Os ciclos de aquecimento e arrefecimento são programados de acordo com um programa térmico inerente ao equipamento.

Para compreender as propriedades de colagem do amido após o aquecimento, é necessário recordar que as medições de cisalhamento constante fornecem informações sobre o efeito do cisalhamento no comportamento do fluxo. Pode ser medido com tensão de cisalhamento controlada ou taxa de cisalhamento controlada utilizando um reómetro rotacional. Assim, o teste rotacional é uma ferramenta útil para caraterizar o comportamento do fluxo. O comportamento do fluxo utilizando a tensão de cisalhamento em função da taxa de cisalhamento ajusta-se a diferentes modelos, tais como a lei da potência e os modelos de Herschel-Bulkey e Bingham [99]. Os dados obtidos são geralmente ajustados à conhecida lei de potência da seguinte forma:

$$\tau = K(\gamma)^n \qquad\qquad (4.1)$$

onde m é a tensão de cisalhamento (Pa), K é o coeficiente de consistência (Pa s^n), γ é a taxa de cisalhamento (s^{-1}), e n é o índice de comportamento do fluxo (adimensional).

A medição é programada para uma taxa de cisalhamento em rampa em dois ciclos (curva ascendente e curva descendente), a fim de caraterizar o fluxo da pasta e determinar o ciclo de histerese. Esta área é interpretada como uma dimensão da energia fornecida ao sistema para quebrar a sua estrutura tixotrópica [100]. Todos os líquidos com microestrutura, como o amido, podem apresentar um comportamento tixotrópico.

A tixotropia reflecte o tempo finito necessário para passar de um estado de microestrutura para outro. O laço de histerese pode, até certo ponto, servir de parâmetro para o controlo de qualidade. O ciclo de histerese pode ser medido e relacionado com a taxa de cisalhamento e o tempo simultaneamente [101]. As medições reológicas dinâmicas analisadas neste capítulo são a varredura de amplitude, a varredura de frequência e a varredura de temperatura, e podem ser combinadas para obter informações sobre estruturas e interacções. Parâmetros como G' (módulo de armazenamento) e G'' (módulo de perda) são importantes nestas medições. A tangente de perda (tan δ) é outro parâmetro reológico dinâmico que pode ser utilizado para descrever o comportamento viscoelástico. Este parâmetro está diretamente associado à energia perdida por ciclo dividida pela energia armazenada por ciclo (G'/G''). Valores de tan d <1 e tan d >1 indicam se o comportamento é elástico ou viscoso, respetivamente. Os ensaios de varrimento de amplitude são efectuados para obter a deformação e para assegurar que todas as medições dinâmicas foram realizadas na região viscoelástica linear (LVE). Os ensaios de varrimento de amplitude podem ser utilizados para definir a resistência estrutural do material e para distinguir géis fracos e fortes. Um gel forte permanece na região LVE durante mais tempo em comparação com um gel fraco [102].

O ensaio de varrimento em frequência é efectuado depois de definida a região LVE e fixada uma tensão, submetendo as amostras a medições oscilatórias numa determinada gama de frequências. A informação obtida é necessária para classificar a dispersão dentro desta classificação: (i) solução diluída, (ii) sistema de rede emaranhada (sistema concentrado), (iii) gel fraco, e (iv) gel forte [102]. A dependência da frequência é geralmente descrita pela seguinte relação de lei de potência [103]:

$$\tau = K'\omega^{n\prime} \qquad (4.2)$$

$$\tau = K''\omega^{n''} \qquad (4.3)$$

em que K' e K'' são constantes e n' e n'' podem ser designados por expoentes de frequência, e ш é a frequência angular.

As medições de varrimento de temperatura são realizadas para determinar as propriedades viscoelásticas das amostras numa determinada gama de temperaturas (50-95°C), com uma tensão e frequência definidas e uma taxa de aquecimento e os parâmetros calculados que têm de ser semelhantes aos parâmetros RVA [104].

IV.3. Amido
IV.3.1. Estrutura do amido

Os grânulos de amido encontram-se em sementes, raízes e tubérculos e têm diferentes origens, como o milho, o trigo, a batata e o arroz. Os grânulos de amido nativo apresentam uma estrutura multinível com, pelo menos, cinco níveis, numa escala que varia entre o nanómetro e o micrómetro. O tamanho dos grânulos de amido intacto pode variar entre 1 e 100 gm, enquanto os anéis de crescimento semicristalino e amorfo

diminuem de espessura de 450 a 550 nm perto do núcleo e de 80 a 160 nm perto da periferia, originados muito provavelmente durante as várias fases de biossíntese dos grânulos de amido, em que a deposição de camadas cristalinas alterna com camadas amorfas. O nível seguinte é o dos blocos que variam de 20 a 500 nm. Numa escala de tamanho mais pequena encontram-se as super-hélices esquerdas com os seus elementos estruturais, cristalinos e lamelas amorfas com uma periodicidade de 9 nm. A unidade mais pequena de organização da estrutura do amido é a unidade glucosil (0,3-0,5 nm). Os grânulos de amido nativo apresentam uma estrutura tridimensional concêntrica com uma cristalinidade total entre 15 e 45%, dependendo das diferentes fontes [92].

O amido é composto maioritariamente por dois tipos de polissacáridos: amilose e amilopectina. A amilose é um glucano linear ligado a α-1 (1-4), com um peso molecular de 105-106 e um grau de polimerização (DP) que pode atingir 600. As cadeias de amilose podem formar hélices simples ou duplas em forma de espiral com uma rotação de α-1 (1-4) ligações e seis glucoses por rotação, e os grupos hidroxilo estão localizados no exterior das hélices. Por outro lado, a amilopectina é um α-1 (1-4) glucano ligado com 4,2-5,9% α-1 (1-6) ligações ramificadas, com pontos de ramificação constituintes a cada 22-70 unidades de glucose e um peso molecular elevado de 107-109. Esta estrutura altamente múltipla tem um efeito importante nas propriedades físicas e biológicas. Pequenas quantidades de lípidos, proteínas e fósforo, dependendo da sua origem, também se encontram nos grânulos de amido [105, 106].

A amilopectina forma hélices duplas, que contribuem para a estrutura cristalina dos grânulos. Por conseguinte, dependendo do comprimento da cadeia ramificada (BCL) da amilopectina, os grânulos de amido nativo podem apresentar diferentes padrões de difração de raios X: A-, B- ou C-. O amido polimórfico do tipo A, constituído por cadeias de ramificação mais curtas (cadeias A e B1), tem as hélices duplas embaladas numa célula unitária monoclínica, enquanto o amido do tipo B é constituído por cadeias de ramificação mais longas (cadeias B2, B3 e B4) embaladas numa célula unitária hexagonal. O tipo C é uma mistura de polimorfos dos tipos A e B. Os grânulos do tipo A têm forma de disco ou lenticular. Por outro lado, os grânulos de amido do tipo B têm uma forma aproximadamente esférica ou poligonal [8]. Os grânulos de amido de batata (formas ovais e lenticulares) são os maiores em comparação com os amidos de trigo (formas esféricas e lenticulares), milho (formas angulares) e arroz (formas pentagonais e angulares).

IV.3.2. Transições térmicas do amido

Os amidos são normalmente processados antes de serem consumidos; por conseguinte, as transições térmicas do amido representam um ponto-chave no controlo das funções do amido. Os mecanismos envolvidos nestas transições térmicas são os mesmos, independentemente da utilização final. As propriedades associadas desenvolvidas nos amidos tratados estão relacionadas com a transição de fase, a transição vítrea, o envelhecimento físico e o efeito plastificante da água. As medições reológicas podem ser utilizadas para identificar a utilização óptima da concentração de hidratos de carbono, da temperatura e da taxa de aquecimento para o desenvolvimento de produtos.

IV.3.2.1. Gelatinização

A gelatinização ocorre quando os grânulos de amido nativo são aquecidos na presença de água e está relacionada com uma rutura irreversível da sua ordem molecular, estrutura semicristalina e arquitetura tridimensional e descreve a transição de fase da estrutura altamente ordenada dos grânulos de amido nativo para uma estrutura desordenada em água. Durante a gelatinização ocorrem vários eventos, difusão de água dentro do grânulo de amido com um inchaço limitado, perda de birrefringência, perda de cristalinidade do grânulo, transições de fase endotérmicas, inchaço granular após a perda de birrefringência e solubilização molecular [107].

A medição do cisalhamento oscilatório de pequena amplitude (SAOS) é um método particularmente útil para estudar o fenómeno de gelificação/gelatinização na monitorização da cinética do desenvolvimento da rede, desde que as medições estejam dentro do limite viscoelástico e a tensão seja inferior a 5% [108].

A gelatinização apresenta um comportamento em duas fases: a primeira é um inchaço limitado e um baixo nível de solubilização, que aumenta ao passar pela temperatura de gelatinização (60-75°C), e a segunda é a lixiviação da molécula de polímero solúvel dos grânulos inchados que permite que estas propriedades reológicas como o módulo de armazenamento (G') e o módulo de perda (G'') do amido aumentem durante a mudança de temperatura de 65 para 95°C. No início do aquecimento, G'' tinha um valor mais elevado do que G', reflectindo o comportamento líquido.

A temperatura de cruzamento no amido de arroz estava no intervalo de 64,2-77,15°C e representava o ponto de gel [109]. O aumento de G' pode ser atribuído ao grau de inchaço granular. No final da varredura de temperatura, G' era superior a G'', representando o comportamento de gel que uma varredura de frequência pode suportar, expressando a formação de uma rede de gel tridimensional pelo contacto intergranular de grânulos inchados [110]. Um aumento adicional da temperatura levou a uma diminuição de G', indicando que a estrutura do gel foi destruída durante o aquecimento prolongado, tal como apresentado numa varredura de temperatura efectuada para o amido de arroz [111].

Muitos factores afectam a gelatinização do amido. Uma correlação positiva entre a temperatura de gelatinização do amido e o comprimento da cadeia de ramificação da amilopectina é que as cadeias de ramificação longas da amilopectina formam cristalitos termicamente estáveis [112]; por conseguinte, a fonte botânica do grânulo pode ser importante para o desenvolvimento das propriedades reológicas.

Os grânulos grandes e cuboidais ou de forma irregular da fécula de batata apresentaram um módulo de armazenamento e de perda mais elevado e uma tan d mais baixa do que os grânulos ovais pequenos [113], e a presença de um teor elevado de monoésteres de fosfato e a ausência de lípidos e fosfolípidos na fécula de batata podem também ser responsáveis por G' e G'' elevados. Os fosfolípidos do amido de milho e os grânulos mais rígidos podem ser importantes para o valor mais baixo de G' no amido de milho em comparação com o G' do amido de batata, e também a formação do complexo lipídico de amilose durante a gelatinização do amido de milho reduz o G' e o G'' [114]. O teor de amilose aumentou o desenvolvimento de G' e G'' no amido de arroz [115]. Além disso, a degradação, ou seja, a diferença entre o pico de G' (G' máximo) na TG' (temperatura de início do aumento de G') e o G' mínimo foi influenciada pela rigidez do grânulo e pelo teor de lípidos, e a fécula de batata tem uma degradação mais elevada do que os amidos de milho, arroz e trigo, que são ricos em lípidos [114].

IV.3.2.2. Colagem

A segunda etapa ocorre acima da temperatura de gelatinização. Os grânulos perdem a sua estrutura cristalina, absorvem água, incham e rompem-se. A água controla a formação de pastas ou géis de amido através da formação de ligações de hidrogénio com os grupos hidroxilo disponíveis nos amidos.

A pasta quente criada tem grânulos inchados, fragmentos de grânulos e uma porção solúvel (30-60%) [116]. Estas propriedades de colagem e espessamento das pastas estão relacionadas com o envolvimento em aplicações. A pasta e o gel de amido têm propriedades reológicas que dependem de diferentes factores, tais como a concentração de amido, as condições de colagem (temperatura, taxa de cisalhamento e taxa de aquecimento) e o armazenamento. O perfil de viscosidade da fécula de tapioca (6%) pode ser visto na Figura 4.1.

As propriedades de colagem do amido são medidas utilizando um amilógrafo, como o amilógrafo Brabender e o RVA, ou utilizando um reómetro dinâmico num modo de rampa de temperatura de fluxo. A reologia dinâmica estudou a gelatinização e a colagem do amido de um ponto de vista diferente do RVA e também requer uma pequena deformação das amostras. Os parâmetros das medições RVA são os seguintes:

• Temperatura de colagem: O ponto em que a temperatura aumenta acima da temperatura de gelatinização; isto leva ao inchaço dos grânulos de amido e resulta num aumento da viscosidade;

• Pico de viscosidade: A viscosidade máxima do material desenvolvida após o aquecimento e é indicativa da capacidade de retenção de água do amido;

• Viscosidade de vale: A viscosidade mais baixa após o pico de viscosidade;

• Desintegração: A diferença entre a viscosidade máxima e a viscosidade mínima; representa a desintegração dos grânulos de amido sob aquecimento devido a uma rutura dos grânulos e à libertação de amilose solúvel;

• Viscosidade final: O valor da viscosidade no final do ensaio;

• Retrocesso: A diferença entre a viscosidade final e a viscosidade da calha; está relacionada com a reassociação entre as moléculas de amido, especialmente a amilose; resulta num aumento da viscosidade e na formação de gel, e está relacionada com a retrogradação.

Entretanto, os parâmetros obtidos num ensaio de temperatura de varrimento utilizando a reologia dinâmica são quase os mesmos [104]:

• T_s: temperatura a que a viscosidade complexa (n^*) começa a aumentar

• T_{max} : temperatura correspondente ao máximo n *

• η_{max}: máximo η^* no ensaio

• η^*f: o valor final de η^* a 50°C

• η_{min}: mínimo η^* no teste

• Retrocesso: a diferença entre η^*f e nmin.

Nesta fase de aquecimento, os valores G' e G'' do amido atingiram os seus valores máximos. Posteriormente, existe um patamar (80-85°C) e, por fim, G' passa por aquecimento e tempo de cisalhamento, e a solubilização e o inchaço têm um impacto na queda após o pico máximo. A amilopectina e o seu comprimento de cadeia ramificada são os principais componentes do amido responsáveis pelo poder de inchamento e pelo desenvolvimento da viscosidade do amido, enquanto a amilose e os lípidos restringem o inchamento do amido. Outros componentes do amido são os lípidos e os derivados de monoésteres de fosfato. O complexo amilose-lípido formado no amido sob aquecimento desenvolve emaranhados com moléculas de amilopectina e restringe o inchamento, conduzindo a uma temperatura de colagem mais elevada e a um pico de viscosidade mais baixo.

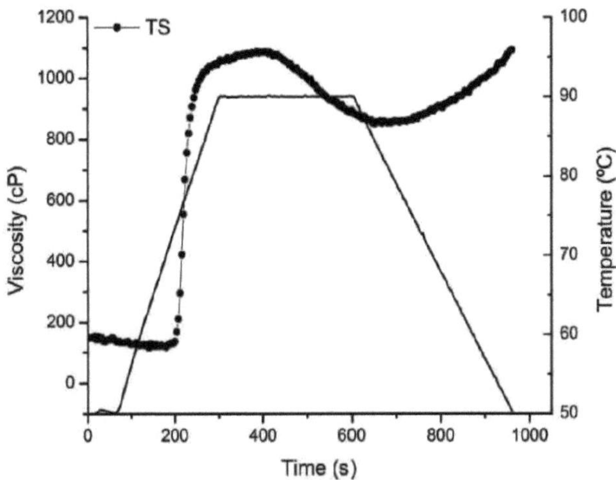

Fig. 4.1. Propriedades de pastelaria da fécula de tapioca (TS) (6% p/p).

IV.3.2.2.1. Medições reológicas após a colagem: Medições de cisalhamento constante

Após a colagem, as moléculas de amido tendem a voltar a associar-se e a formar uma pasta viscosa; a viscosidade desta pasta de amido pode ser medida utilizando um viscosímetro, como um medidor de fluxo capilar, um viscosímetro de queda de esferas ou um reómetro rotacional.

Geralmente, a viscosidade das pastas de amido apresenta uma caraterística não-Newtoniana: a tensão de cisalhamento não aumenta linearmente com o aumento da taxa de cisalhamento. A viscosidade das pastas de amido é também de diluição por cisalhamento (índice de comportamento do fluxo, *n<1*) porque se tornam mais finas e diminuem a viscosidade com o aumento da taxa de cisalhamento e do tempo [99].

A baixas taxas de cisalhamento, o movimento browniano mantém todas as moléculas ao acaso, apesar dos efeitos iniciais da orientação do cisalhamento, o que faz com que os materiais pseudoplásticos se comportem como um líquido newtoniano [116]. Com o aumento da taxa de cisalhamento, a viscosidade diminui. Isto pode ser explicado da seguinte forma: durante o processo de cisalhamento, as moléculas estão mais ou menos orientadas na direção do cisalhamento e a direção do gradiente de cisalhamento também influencia esta orientação. O aumento do movimento permite que as moléculas se desembaracem até um certo ponto, o que reduz a sua resistência ao fluxo. Além disso, baixas concentrações de polissacáridos podem envolver cadeias completamente desemaranhadas com um elevado grau de orientação. A viscosidade é afetada pela temperatura de medição e aumenta com a concentração de amido e diminui com o teor de amilose.

Por exemplo, a fécula de tapioca apresentou um amplo ciclo de histerese. O amido de tapioca sozinho apresentou uma tixotropia mais notável (tensão de cisalhamento mais elevada na curva ascendente do que na curva descendente). O laço no sentido dos ponteiros do relógio (tixotropia) pode ser interpretado como uma quebra de estrutura pelo campo de cisalhamento para alterar uma estrutura ou formar uma nova estrutura [116]. O amido de milho ceroso apresentou um ciclo de histerese combinado, um ciclo no sentido dos ponteiros do relógio e um ciclo no sentido contrário ao dos ponteiros do relógio (comportamento anti-tixotrópico), e a prevalência de um comportamento em relação ao outro deve-se às condições de aquecimento.

Quando as suspensões de amido de waxy maize são completamente coladas com mais tempo de aquecimento e agitação, a propriedade anti-tixotrópica torna-se mais significativa [100].

IV.3.2.3. Retrogradação

A pasta de amido é normalmente atribuída ao sistema quente acabado de cozinhar, formando-se um gel após o arrefecimento. A caraterização das propriedades reológicas do gel de amido tem sido determinada por diferentes métodos: utilizando um analisador de textura para determinar a força do gel de amido como uma medida de ponto único; utilizando um reómetro dinâmico que fornece a avaliação contínua do gel de amido a várias temperaturas e taxas de cisalhamento. As pastas quentes começam a arrefecer, depois de se tornarem mais elásticas e começam a desenvolver propriedades sólidas. As transições de uma pasta viscosa para um gel elástico podem ser avaliadas pelo módulo de armazenamento (G') e pelo módulo de perda (G''), sendo a tangente de perda ($\tan 3 = G''/G'$) [111]. O gel de amido pode comportar-se mais como um sólido (uma pequena tan 5, G' é muito maior do que G''), o que reflecte uma deformação recuperável, ou mais como um líquido (uma grande tan 5, G' é menor do que G''), o que significa que a energia utilizada para deformar o gel é dissipada. Durante o armazenamento, G' e G'' aumentam, indicando a resistência, e o gel de amido torna-se mais firme [99].

A pasta de amido desenvolveu interacções entre as moléculas de amilose e amilopectina, tendo ocorrido a formação de redes para reter a água nos grânulos inchados, formando-se um gel de amido. A retrogradação é um processo em duas fases; a retrogradação a curto prazo, que envolve principalmente a gelificação da amilose, desenvolve-se após a cozedura e dura até 48 h. O amido nativo com um maior teor de amilose tende a formar um gel mais forte a um ritmo mais rápido. As moléculas de amilose são instáveis e a retrogradação resulta num aumento da turvação e eventual precipitação.

A retrogradação ocorre porque as moléculas de amilose encolhem, o que é causado por uma diminuição da energia cinética e do movimento browniano do polímero e das moléculas de água. O encolhimento resulta na formação de novas ligações de hidrogénio intra e inter-moleculares, e a intensidade destas ligações de hidrogénio leva à precipitação da amilose [117].

A segunda fase da retrogradação envolve a recristalização da amilopectina, e o processo demora muito tempo devido à presença de cadeias laterais curtas e altamente ramificadas (A e B1), o que foi causado pela sua elevada energia cinética [117].

IV.4. Galactomananos

Os galactomananos são polissacáridos heterogéneos que se encontram no endosperma da semente de uma certa variedade de leguminosas, formados por uma espinha dorsal de ɞ -(1-4)-D-manano com um único ramo de D-galactose ligado a-(1-6). Diferem entre si pela relação manose/galactose (M/G). As principais fontes de galactomananos de sementes são a goma de alfarroba (*Ceratonia siliqua*), com uma relação M:G de ~3,5:1, a goma de guar (*Cyamopsis tetragonoloba*), com uma relação M:G de ~2:1), a tara (*Caesalpinia spinosa*), com uma relação M:G de ~3:1, e o feno-grego (*Trigonella foenum-graecum L.*), que tem uma relação M:G de ~1:1 [118]. Os galactomananos são amplamente utilizados na indústria devido às suas propriedades funcionais como agentes espessantes, aglutinantes e estabilizadores, e porque não são significativamente afectados por níveis de pH, iões adicionados e/ou processos de aquecimento [119].

Na sua estrutura básica, os galactomananos são constituídos por manose, que contém grupos cis-OH no polímero. Por conseguinte, espera-se que a capacidade de formar ligações de hidrogénio entre cada cadeia de manose seja longa, uma vez que os grupos vizinhos, como a galactose, não desenvolvem obstáculos estéricos que impeçam que cada cadeia de galactomananos se aproxime demasiado e que impeçam os grupos cis-OH da manose de formar ligações de hidrogénio. Assim, os galactomananos com ligações cruzadas adicionais através de ligações de hidrogénio são menos capazes de se hidratar (goma de alfarroba, relação M:G de ~4:1). Por outro lado, uma maior substituição (goma guar, rácio M:G de ~2:1) leva a uma melhor solubilidade [120].

Os desafios da indústria alimentar despertam o interesse pelos sistemas amido-galactomanano, e os investigadores têm desenvolvido um extenso trabalho nesta área. As alterações em diferentes fases do amido em processos de aquecimento e arrefecimento são analisadas através da adição de diferentes galactomananos.

IV.4.1. Sistema amido-galactomananos na gelatinização e na colagem

É bem conhecido que a adição de hidrocolóides em galactomananos específicos afecta as propriedades reológicas e influencia o aumento da viscosidade de pastas ou soluções. Foi demonstrado um aumento significativo da viscosidade através da adição de galactomananos utilizando goma de guar, goma de alfarroba e goma de feno-grego. Foi evidenciado um complexo solúvel como resultado das associações moleculares entre a amilose

e o polissacarídeo, como a principal causa para o aumento da viscosidade durante a gelatinização, diminuindo a temperatura de pastoreio [120]. A diminuição da temperatura de colagem na presença de goma guar pode ser atribuída à separação de fases, a um aumento da concentração de goma na fase contínua e a um aumento da fração volumétrica dos grânulos de amido (amilopectina) na fase dispersa, como resultado da exclusão mútua entre o amido lixiviado e as moléculas de hidrocolóides com base na incompatibilidade termodinâmica entre os dois polissacáridos. Um aumento da concentração efectiva das moléculas de amido lixiviado, principalmente da amilose e do hidrocolóide, na fase contínua após o aquecimento, aumentou as interacções entre os grânulos de amido inchados, permitindo a colagem a uma temperatura mais baixa. No entanto, as interacções entre as moléculas de amido lixiviado e o hidrocolóide na fase contínua não devem ser minimizadas como um fator que influencia a temperatura de pastoreio mais baixa [121, 122].

Funami [120] adicionou 0,5% de goma de guar e goma de feno-grego com vários pesos moleculares a soluções de amido (15%) e modificou o comportamento de gelatinização do amido. As análises foram feitas no RVA. Os perfis de viscosidade e a temperatura de colagem deslocaram-se para temperaturas mais elevadas com o aumento do Mw de cada galactomanano e para temperaturas mais baixas com a concentração de amido (5%). Quando o Mw foi padronizado pelo peso molecular da manose, o efeito de cada galactomanano sobre a temperatura de colagem sobrepôs-se melhor do que quando o Mw foi padronizado pelo peso molecular da galactose, e com uma concentração mais baixa de amido (5%), as temperaturas de colagem deslocaram-se de forma oposta para temperaturas de colagem mais baixas com o aumento do Mw do polissacárido. Um aumento da viscosidade final e dos valores de recuo sugeriu que a retrogradação do amido deveria ser promovida numa fase muito precoce do armazenamento pela adição de galactomananos.

IV.4.2. Sistema amido-galactomananos após colagem: Comportamento do fluxo

A adição de galactomananos também influencia o comportamento de fluxo das pastas de amido. Diferentes autores correlacionam o efeito dos galactomananos com as alterações no comportamento do fluxo. Os reogramas de misturas de amido de arroz-galactomanano (goma de guar e goma de alfarroba) mostram um comportamento mais pseudoplástico das misturas de goma de guar (valor n de 0,170,18) do que o controlo (0,24) e o amido de arroz-goma de alfarroba (valor *n*, 0,21-0,26) [123]. Outros estudos em misturas de amido de trigo-galactomanano mostram um comportamento semelhante [124]. Estes fenómenos podem ser explicados da seguinte forma: as estruturas gomosas da goma guar consistem numa espinha dorsal de manano com ramos alternados de galactose que apresentam muito mais obstáculos estéricos e pouca capacidade de estabelecer ligações de hidrogénio entre as ligações [118]. Isto mantém a molécula na sua forma estendida, que pode interagir facilmente com as moléculas de amilose através de ligações de hidrogénio não covalentes, resultando numa conformação estendida que aumenta o grau de pseudoplasticidade. Por outro lado, a goma de alfarroba tem um rácio M:G de ~4:1; este grau mais baixo e irregular de substituição dos ramos de galactose na espinha dorsal da manana explica o comportamento da estrutura do galactomanano, que tende a enrolar com a formação de ligações de hidrogénio intramoleculares e, assim, interage menos com as moléculas de amilose linear devido à quantidade de grupos hidroxilo disponíveis para formar ligações de hidrogénio intermoleculares com a amilose ser menor [123].

IV.4.2.1. Histerese

A Figura 4.2 mostra que a adição de goma de guar (0,5%) ao amido de tapioca (6%) reduz o ciclo de histerese. A adição de goma de guar a diferentes amidos, como o de tapioca, batata, aveia e milho, resultou em anéis de histerese altamente negativos, o que significa que, na presença de goma de guar, as estruturas ordenadas por cisalhamento são mais facilmente geradas [125]. As pastas de amido de milho ceroso com goma guar e de amido de milho ceroso isolado exibiram laços de histerese combinados semelhantes, que são laços anti-horários (comportamento anti-tixotrópico) a baixas taxas de cisalhamento e laços horários (comportamento tixotrópico) a taxas de cisalhamento mais elevadas ($Y > 50$ s^{-1}). Estes sistemas continham uma grande quantidade de amilopectina (amido de milho ceroso) que era responsável pelas propriedades de espessamento por cisalhamento e pela formação e alteração da estrutura induzida por cisalhamento, ou seja, comportamento anti-tixotrópico [100].

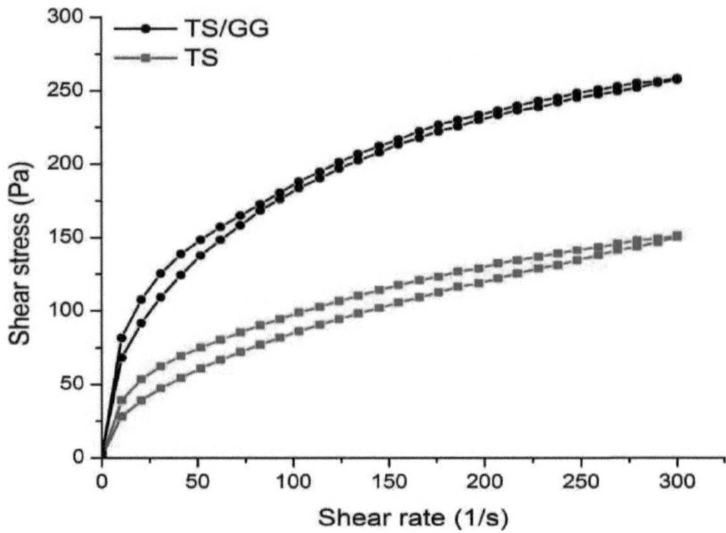

Fig. 4.2. Curvas de fluxo das pastas de amido de tapioca (6% w/w), sem goma guar (TS) e com 0,5% w/w de goma guar (TS/GG).

IV.4.3. Sistema amido-galactomananos na retrogradação

A retrogradação a curto prazo é acelerada pela adição de galactomananos em termos de reologia. Um aumento na concentração efectiva de amilose na fase contínua foi sugerido como a causa principal, levando à aceleração da retrogradação durante o armazenamento por períodos mais curtos, enquanto impede a ordenação molecular ou a cristalização do amido, particularmente a fração de amilopectina de segmentos de cadeia relativamente curta, levando ao retardamento da retrogradação durante o armazenamento por períodos mais longos [120]. A Figura 4.3 mostra a variação de G', G'', e viscosidade complexa (n^*) para pastas de amido de tapioca (6% w/w) sozinhas e com adição de 0,5% (w/w) a 25°C e uma amplitude de deformação de 1,5%. A Figura 4.4 mostra a variação da tan d das amostras. G', G'', e a viscosidade complexa aumentaram com a adição de goma guar. A tan d
da mistura de amido e goma de guar foi inferior ao do amido de tapioca isolado. Uma mistura de amido e galactomananos pode ser classificada como um gel fraco; na maioria dos casos, G' e G'' aumentam com um aumento da frequência, com uma pequena dependência. Os géis fracos têm propriedades reológicas intermédias entre as soluções e os géis reais, sob pequena deformação; mecanicamente, os géis fracos comportam-se como géis reais, mas com o aumento da deformação, a rede tridimensional sofre uma falha progressiva em aglomerados mais pequenos [111], enquanto os valores de tan 3 indicam

diretamente a relação G'/G''. Os valores de tan 3 do amido de arroz misturado com goma de guar e goma de alfarroba foram mais elevados do que os valores de tan

no controlo e aumentou com o aumento da concentração de goma.

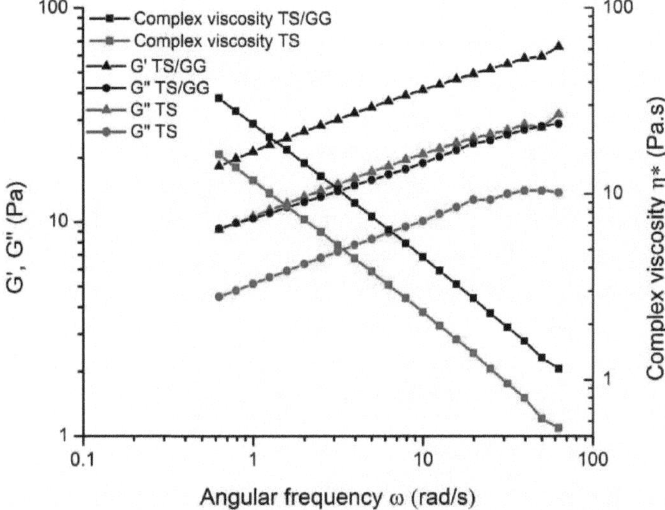

Fig. 4.3. Variação de G', G'' com a frequência angular para pastas mistas de 6% w/w TS/guar sem goma guar (TS) e 0,5% w/w goma guar (TS/GG) a 25°C e 1,5% de deformação.

Isto significa um maior crescimento de G'' do que de G', especialmente em misturas de amido e goma de alfarroba; a adição das gomas não é capaz de fornecer uma contribuição efectiva para as propriedades elásticas das dispersões de amido [126]. Por outro lado, a adição de goma guar ao amido de tapioca catiónico também apresenta uma redução em tan 3, semelhante ao que é mostrado na Figura 3.4, e está relacionada com um comportamento mais sólido, ou seja, uma rede tridimensional mais forte construída por amilose e um sistema amilose-goma [94]. Isto suporta a hipótese de que a mudança nas propriedades reológicas dinâmicas é devida à estrutura de rede termodinamicamente incompatível na qual as interacções entre polímeros do mesmo tipo são favorecidas energeticamente em comparação com as interacções com polímeros diferentes [126] e também as interacções de moléculas ramificadas ou lineares de, isto é, goma guar que pode interagir com amilose através de ligações de hidrogénio não covalentes [127].

A adição destas gomas durante o envelhecimento (10 h a 4°C) aumenta o valor de G' com a concentração de goma (0,2-0,8%). A estrutura da goma também teve um papel principal no desenvolvimento de G', enquanto as misturas de goma de amido e goma de guar apresentam um patamar. A dispersão de amido e goma de alfarroba apresenta um aumento contínuo de G'. As regiões lisas não substituídas da espinha dorsal da manana na LBG tendem a associar-se umas às outras, formando uma rede tridimensional. O efeito de espessamento das gomas restringe a mobilidade da amilose, resultando em interacções entre moléculas de amilose vizinhas que aceleram mais facilmente a retrogradação a curto prazo [126]. As associações moleculares entre as gomas e as fracções de amilopectina evitam a formação de estruturas cristalinas durante o armazenamento, afectando a retrogradação a longo prazo. As misturas de amido de milho e goma de feno-grego apresentam outro fator de inibição da retrogradação a longo prazo: as gomas podem estabilizar as moléculas de água; por conseguinte, podem atuar como um aglutinante de água, privando a amilose ou a amilopectina de água utilizável para a cristalização [96]. Em sistemas de amido de arroz-galactomananos (goma de guar e goma de alfarroba), verificou-se que a adição de galactomananos levou a um aumento das propriedades viscosas do amido, resultando no retardamento da retrogradação do amido [126].

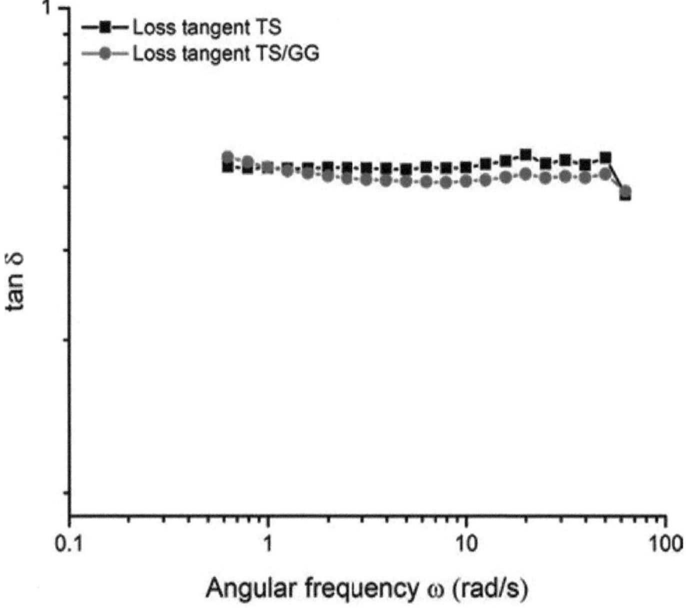

Fig. 4.4. Variação de tan$^{\delta}$ com a frequência angular para pastas mistas de 6% w/w TS/guar sem goma guar (TS) e 0,5% w/w goma guar (TS/GG) a 25°C e 1,5% de deformação.

IV.5. Aplicações dos sistemas amido-galactomananos no desenvolvimento de alimentos

IV.5.1. Galactomananos como fibras alimentares

A goma guar contém fibras alimentares solúveis. A semente de guar possui 52-48% de fibra alimentar total no peso seco da semente, e o endosperma solúvel em água contribui com 26-32% da fibra alimentar solúvel [139]. Estudos anteriores *in vivo descobriram* que, ao comparar a goma de guar com a pectina e a carboximetilcelulose (CMC) nos níveis de glicose e insulina pós-prandiais, a guar mostrou ser o biopolímero mais eficaz na redução dos níveis de glicose no plasma [139]. Esse comportamento foi explicado pelo fato de a guar ter apresentado a maior estabilidade e viscosidade em condições ácidas *in vitro*, ou seja, em condições gástricas. Jaime-Fonseca [132] afirmou que a comparação do efeito da goma guar e da pectina através da medição do comportamento do fluxo e do coeficiente global de transferência de massa (OMTC) mostra um cruzamento a 100 s^{-1} e valores de OMTC muito semelhantes.

A goma de alfarroba foi estudada como um galactomanano que se enquadra na categoria de fibras solúveis viscosas, e foi proposta para achatar a glicemia pós-prandial de forma mais consistente do que o farelo de trigo e outras fibras insolúveis. A adição de goma de alfarroba tem um impacto importante no esvaziamento gástrico, atrasando a taxa de esvaziamento [140].

A goma de feno-grego tem efeitos fisiológicos benéficos, incluindo os efeitos antidiabéticos e hipocolesterolémicos, atribuíveis ao constituinte intrínseco da fibra dietética que tem valores nutracêuticos promissores [125]. A fibra alimentar nas sementes é de cerca de 45,5% (32% insolúvel e 13,3% solúvel), o que altera a textura dos alimentos e tem uma influência benéfica na digestão [141]. A fração de fibra solúvel das sementes de feno-grego, rica em galactomanano, pode ser responsável pela atividade antidiabética e pode abrandar a taxa de absorção de glucose pós-prandial. Este pode ser um mecanismo secundário para o seu efeito hipolglicémico [51].

IV.5.2. Adição de galactomananos em produtos à base de amido

IV.5.2.1. Sistema aquoso amido-galactomanano

O teor de hidratos de carbono dos alimentos é importante devido ao efeito glicémico pós-prandial do consumo de hidratos de carbono. O aumento da glicemia pós-prandial com a ingestão de hidratos de carbono e amido demonstrou ser controlado pela adição de galactomananos. O amido tem de ser convertido da sua forma nativa para o estado gelatinizado, a fim de ser hidrolisado e, consequentemente, libertar glicose. A cozedura direta por aquecimento a 100°C em excesso de água é o principal processo que facilita a disponibilidade do amido para penetração da água e consequente ação da a-amilase durante vários minutos [143]. Foi afirmado que a goma guar, um galactomanano industrial, compete com o amido pela água nos sistemas alimentares e impede a gelatinização do amido, privando-o assim do acesso à água [144]. Outra hipótese relacionada com o papel das fibras alimentares é a redução da hidrólise; por conseguinte, a taxa de digestão é a capacidade de formar uma barreira à volta dos grânulos de amido, o que faz com que o amido possa resistir à degradação enzimática [145, 146].

Para avaliar o efeito das fibras alimentares, as condições do trato gastrointestinal (TGI) que incluem a secreção de fluidos, a hidrólise enzimática, o pH e a presença de sais são simuladas para obter um modelo de digestão *in vitro* e medir a difusão da glucose. A adição de galactomananos a diferentes fontes de amido para avaliar se a viscosidade se mantém depois de passar por estas condições é analisada nesta secção.

Por esta razão, as medições reológicas rotacionais (comportamento de fluxo) e oscilatórias (varrimento de frequência e varrimento de tempo) podem fornecer informações valiosas. Os ensaios rotacionais podem ser utilizados para imitar a taxa de cisalhamento encontrada durante a digestão (100 s^{-1}) [102, 147]. Foi relatado que taxas de cisalhamento de $10\text{-}100$ s^{-1} são encontradas durante os vários processos de digestão. Os testes oscilatórios, como a varredura de tempo e a varredura de frequência, podem ser úteis para explicar as alterações estruturais durante e após a digestão, respetivamente, e demonstrar a taxa de degradação dos emaranhados de amido/galactomananos e o comportamento sólido ou líquido durante estes processos.

Além disso, as medições de viscosidade utilizando RVA podem ser relevantes para caraterizar o comportamento de gelatinização-colagem de amostras.

Brennan et al. [148] investigaram o efeito da goma de guar, da goma de alfarroba e da goma arábica na viscosidade do amido e da farinha de trigo e os seus efeitos na hidrólise do amido *in vitro*. Tanto a goma de guar como a goma de alfarroba aumentaram o pico e a viscosidade final das pastas resultantes, enquanto a goma arábica reduziu significativamente as viscosidades das pastas. A goma de guar e a goma de alfarroba reduziram a quantidade de degradação do amido; pelo contrário, a goma arábica aumentou a quantidade de hidrólise do amido. O investigador concluiu, assim, que a extensão da hidrólise do amido dependia das alterações da viscosidade.

A redução da hidrólise do amido com diferentes polissacáridos (arábico, carragenina, guar, pectina e xantana) adicionados ao trigo, amido de milho normal e amido de milho ceroso foi constatada por Tester e Sommerville [144]. A redução na hidrólise foi relacionada com uma redução na acessibilidade da água e restrição da disponibilidade/mobilidade da água (devido à hidratação) durante o evento de gelatinização. Por outro lado, as fontes de amido utilizadas no estudo variam e podem ser outro fator que causa diferenças nos resultados glicémicos.

Dartois et al. [98] investigaram o efeito da goma de guar na digestibilidade do amido de milho ceroso *in vitro* em condições gástricas e intestinais simuladas. Não se observou qualquer hidrólise do amido em condições gástricas simuladas, ao passo que se observou uma hidrólise superior a 90% no final da digestão em condições intestinais simuladas. A adição de goma de guar levou a uma diminuição significativa tanto da taxa como da extensão da hidrólise final do amido e mostrou que a digestão do amido não só é retardada como também reduzida na presença de goma. As medições reológicas demonstram que a viscosidade da digesta diminuiu durante a digestão intestinal, mas a extensão da diminuição foi menor na presença de goma de guar. Os testes de varrimento de frequências mostraram que, após 5 min de digestão, G' e G'' eram mais elevados do que os das amostras com 30 s e 1 min de digestão e da goma de guar sem tratamento enzimático, devido à inibição da lixiviação dos componentes do amido dos grânulos para a fase contínua das pastas de amido durante a gelatinização.

O teste de varrimento temporal demonstrou que G' e G'' aumentam à medida que a digestão progride e a água é libertada, permitindo que a goma presente no sistema absorva água. Fabek et al. [56] avaliaram a capacidade de resistir à perda de viscosidade da goma de alfarroba, goma de guar, goma de feno-grego e goma xantana numa digestão *in vitro em* duas fases (gástrica e intestinal delgado) e também estudaram a adição de amido (amido de milho ceroso) e proteína (caseinato de sódio) para simular um modelo alimentar para medições da libertação de glicose. As medições do comportamento do fluxo mostraram que as diluições que representam as secreções aquosas durante a digestão foram os factores mais importantes para reduzir a viscosidade, e as alterações do pH têm um efeito aditivo para essa redução.

Todas as gomas demonstraram uma capacidade de deprimir a resposta da glucose. A goma xantana teve a capacidade de suportar reduções na viscosidade e diminuir a difusão da glicose, e a goma guar foi a segunda; embora tenha a menor taxa de difusão da glicose entre as outras gomas, não foi significativamente diferente. No entanto, o efeito na atenuação da difusão da glicose não foi tão pronunciado, sugerindo que a viscosidade por si só pode não ser o único fator que contribui para a redução dos níveis de glicose pós-prandial.

IV.5.2.2. Sistema amido-galactomanano na cozedura por extrusão

A extrusão é um método de processamento contínuo, de curta duração e a alta temperatura, no qual a temperatura, a humidade, a pressão e o cisalhamento interagem para desenvolver produtos com propriedades funcionais [149]. Quando o amido é processado por extrusão, ocorrem muitos fenómenos, incluindo a gelatinização, a fusão térmica, a perda de cristalitos e a degradação molecular da amilose e da amilopectina, o que também torna este biopolímero disponível para as enzimas digestivas [150]. Os baixos valores de digestibilidade dos produtos extrudidos de amido têm sido atribuídos à formação de um complexo lipídico de amilose, à interação entre as proteínas do amido e à disponibilidade limitada de água, que prolonga a digestibilidade do amido durante a hidrólise enzimática. O facto de a goma guar competir com o amido pela água disponível na gelatinização permite que a hidrólise do amido investigue a adição de galactomananos ao amido e avalie o seu comportamento.

Adamu [151] relatou que, quando as amostras extrudidas de amido adicionadas à goma de guar são arrefecidas, surge uma re-associação das cadeias do polissacárido e da goma. A dissolução de uma amostra extrudida previamente adicionada com goma de guar em água gera um inchaço, seguido de um encravamento das cadeias do polissacárido. Isto provoca um aumento da viscosidade da solução [152].

Brennan et al. [153] avaliaram os efeitos da adição de fibra dietética (farelo de trigo, goma guar, inulina, milho e rutabaga) em diferentes concentrações (5-15%) e descobriram que as viscosidades final e de pico entre os diferentes produtos extrudidos aumentaram com a adição de goma guar. A goma de guar diminuiu o amido facilmente digerível, sendo mais eficaz do que o farelo de trigo. O controlo dos parâmetros de extrusão, como a temperatura do barril ou o teor de humidade do processamento, desempenha um papel importante nas transições térmicas do amido e na sua digestibilidade. A adição de goma de guar a diferentes farinhas (milho, batata, arroz e trigo) e processada por extrusão apresentou baixa viscosidade e tem sido associada à gelatinização e à rutura dos grânulos de amido durante o alto cisalhamento e a alta temperatura de extrusão. É também provável que uma dextrinização mais extensa do amido durante a extrusão de amostras contendo goma de guar resulte numa menor viscosidade dos extrudados. Estas alterações nos extrudados resultaram num amido mais rapidamente digerível [154].

Foi provado que as condições de extrusão podem afetar a despolimerização da goma de guar; no entanto, a goma de guar prejudica o aumento dos valores de viscosidade em amostras de extrudado de amido de milho com elevados teores de humidade e baixa temperatura de extrusão durante o processamento. A goma de guar diminuiu a gelatinização e promoveu a fusão e a despolimerização do amido devido às forças de cisalhamento e à temperatura durante a extrusão, competindo pela água disponível neste processo e não afectando a hidrólise do amido [155].

O efeito da adição de galactomananos, como a goma de guar, na hidrólise do amido após a cozedura direta ou por extrusão é inconclusivo, e os mecanismos para a redução da hidrólise do amido e da glicemia pós-prandial não são totalmente compreendidos, mas o aumento da viscosidade pode ser um dos factores mais importantes. Assim, as medições reológicas são comprovadamente uma ferramenta importante, não só para fornecer informações sobre a textura e o controlo de qualidade, mas também para a aplicação de ingredientes na elaboração de alimentos funcionais.

IV.6. Conclusão

Neste capítulo, as técnicas reológicas foram expostas para realçar as transições do amido em sistemas aquosos durante o aquecimento e após o processamento. O comportamento de diferentes amidos com galactomananos é apresentado para compreender a reologia das transições do amido como uma medida para controlar e compreender as interacções no interior dos grânulos de amido e os sistemas amido-galactomanano que podem ser utilizados em produtos alimentares e empregues para desenvolver alimentos estruturados. As alterações estruturais que ocorrem durante o aquecimento dos amidos podem ser determinadas através de medições reológicas: testes rotacionais como medições de cisalhamento constante para determinar o ciclo de histerese; testes oscilatórios (varreduras de frequência, varreduras de temperatura e varreduras de tempo) combinados com medições de RVA, termografias DSC, análise de textura e difração de raios X. A modificação do amido através da adição de galactomananos é apresentada com base na sua interação com as moléculas de amido. Os galactomananos afectam a separação de fases ocupando a fase contínua e aumentando assim o volume dos grânulos de amido na fase dispersa. Eles competem com o amido pela água disponível, levando a outras alterações na estrutura e mudando a temperatura de colagem, a gelatinização e melhorando as viscosidades.

O comportamento pseudoplástico das misturas de amido e galactomanano apresenta menos laços no sentido dos ponteiros do relógio (tixotrópico) e, em algumas fases, laços no sentido contrário ao dos ponteiros do relógio. A estrutura menos sólida das pastas com galactomananos é mostrada. A retrogradação a curto prazo é acelerada e a retrogradação a longo prazo é diminuída pela interferência nas cadeias de amilopectina.

O papel das propriedades reológicas pode ser significativo para reduzir a hidrólise do amido através da adição de galactomananos a produtos alimentares à base de amido, devido ao aumento da viscosidade do sistema, que pode ter um efeito não só na transferência de massa (coeficiente de difusão) das moléculas, mas também nas reacções enzimáticas.

Novas aplicações e novos usos de galactomananos irão preencher o campo dos produtos à base de amido. Além disso, a investigação e o interesse em encontrar novas formas de melhorar a estrutura dos alimentos é sempre uma descoberta interminável.

V. Física do sistema de amido: Propriedades reológicas e mecânicas do amido de inhame pé-de-elefante modificado hidrotermicamente
V. Introdução

O amido é uma das principais fontes de hidratos de carbono e é utilizado como ingrediente funcional em numerosas aplicações alimentares e não alimentares, incluindo espessantes, gelificantes e agentes de volume. As propriedades físico-químicas do amido conduzem diretamente às suas aplicações adequadas. O inhame pé-de-elefante (Amorphophallus paeoniifolius) é uma das importantes culturas de tubérculos tropicais subutilizadas da família Dioscoreaceae em países tropicais e subtropicais. É rico em amido (65-70% do peso húmido) e pode substituir as fontes convencionais de amido, incluindo o milho, a batata e o arroz [155-156]. Embora o amido seja um hidrato de carbono polimérico necessário que é utilizado como fonte de energia e como matéria-prima para alimentos e outras aplicações industriais, a utilização de amido nativo no processamento de alimentos é limitada pela sua elevada instabilidade térmica, menor resistência mecânica e menor tolerância ao processo sob forças de cisalhamento mais elevadas, bem como pela sua maior digestibilidade, que pode ter efeitos negativos para a saúde de doentes com diabetes e obesidade [155-157]. Para ultrapassar estas limitações, o amido tem sido sujeito a vários tipos de técnicas de modificação (por exemplo, físicas, químicas ou enzimáticas) para melhorar a sua qualidade, digestão e aplicações [158]. Será interessante modificar o amido extraído de tubérculos tropicais subutilizados utilizando técnicas de modificação física simples e baratas para melhorar as funcionalidades do amido. Para abordar esta questão, o presente estudo centra-se na utilização do tratamento térmico por humidade (HMT) para modificar o amido. O HMT é um tratamento hidrotérmico que utiliza uma humidade óptima (< 35%, w/w) e uma temperatura (80-140°C; acima da temperatura de transição vítrea e inferior à temperatura de fusão) durante um tempo pré-determinado de 0,25 a 16 h [159]. O forno de ar quente é a fonte de aquecimento mais comummente utilizada para a modificação HMT de amidos [160-162]. Muitas outras fontes alternativas estão disponíveis para o efeito. Por exemplo, as aplicações de micro-ondas (MW) e autoclave (AL) são excelentes fontes de calor para modificações HMT. No entanto, a HMT utilizando tratamentos HAO, MW e AL tem merecido muito pouca atenção. A modificação HMT do amido

68

de taro e de painço proso foi registada utilizando várias fontes de aquecimento [160-162]. Até à data, o amido isolado do inhame pé-de-elefante não foi explorado para HMT utilizando uma série de técnicas.

Por conseguinte, a otimização de cada HMT empregando HAO, AL e MW foi extensivamente explorada para o amido de inhame-pata-de-elefante (EFYS) para obter uma compreensão abrangente do processo de modificação, e as condições de processo optimizadas baseadas na minimização da digestibilidade foram descritas no nosso trabalho anterior [163]. A investigação atual tenta estudar as propriedades funcionais juntamente com as características reológicas de vários EFYS modificados hidrotermicamente em condições ideais, o que é benéfico para a conceção de aplicações de amido modificado em produtos alimentares.

Uma vez que o tratamento hidrotérmico do amido é um processo vigoroso, é de esperar uma alteração significativa da estrutura. Para estudar a estabilidade estrutural sob tensão de cisalhamento e oscilação, que são fenómenos operacionais comuns nas indústrias de transformação de alimentos, as medições reológicas podem ser utilizadas como uma técnica analítica para compreender a organização estrutural do amido [158, 164]. As medições reológicas das dispersões de amido antes e depois do tratamento hidrotérmico podem fornecer uma perspetiva da transformação sol-gel. Estas alterações nas amostras de amido são sobretudo registadas através da medição da viscosidade aparente e posteriormente comparadas com as propriedades de colagem. No entanto, o fluxo constante a uma taxa de cisalhamento mais ampla quebra a estrutura e não representa a verdadeira estrutura da amostra. Por outro lado, as alterações estruturais podem ser medidas com precisão utilizando as medições de cisalhamento oscilatório de pequena amplitude (SAOS) na região viscoelástica linear. No entanto, no processo industrial atual, as operações unitárias envolvidas no fabrico de produtos alimentares não seguem a linearidade e, na maioria das vezes, o processo cai na região não linear. Estas alterações podem ser medidas nas medições de cisalhamento oscilatório de grande amplitude (LAOS). Quando a tensão é mínima durante o ensaio de cisalhamento oscilatório, o módulo de armazenamento (G') e o módulo de perda (G") são independentes da tensão na região viscoelástica linear (LVR), e a tensão (*a*) responde em função sinusoidal. As alterações nos módulos ocorrem com o aumento da deformação aplicada e, após uma determinada deformação, a forma de oscilação da resposta à tensão é distorcida e transforma-se numa função não sinusoidal, resultando na ausência de uma região viscoelástica linear [165]. No regime não linear, a resposta à tensão desvia-se da proporcionalidade nas suas formas mais simples entre a amplitude de deformação e a amplitude de tensão durante a condição LAOS [166]. Devido a este desvio, a resposta de uma onda

não sinusoidal é simulada usando harmónicos superiores utilizando a transformação de Fourier, que converte as respostas dependentes do tempo para o domínio da frequência. Os constituintes da tensão divergem na zona não linear da linearidade quando os elementos elásticos (o") e viscosos (o''') da tensão são apresentados contra a deformação (y) e a taxa de deformação (y0), respetivamente. Um sinal dependente do tempo que não seja sinusoidal é filtrado utilizando a transformada de Fourier, que transforma funções difíceis mas periódicas numa soma de funções de onda simples de seno e cosseno [167]. A análise da Transformada de Fourier (FT) e as curvas de Lissajous são geralmente empregues para descrever as respostas não lineares determinadas durante o processamento de alimentos
[167-168]. Os coeficientes de cada função de Fourier constituem coeficientes empíricos que dependem do utilizador e não têm qualquer significado reológico básico. Os harmónicos ímpares reflectem a resposta não linear dos materiais e expressam alterações estruturais no interior do material como resultado de uma deformação substancial.

Tendo em conta a discussão acima mencionada, os objectivos específicos deste trabalho foram a caraterização reológica de dispersões de EFYS tratadas hidrotermicamente, medindo as propriedades funcionais, reológicas e mecânicas influenciadas pela fonte de aquecimento nas condições optimizadas. Adicionalmente, propusemos possíveis modelos biofísicos esquemáticos que descrevem o efeito dos arranjos moleculares da amilose e da amilopectina nas propriedades reológicas e mecânicas dos sistemas de amido.

V.1 Materiais e métodos
V.2.Materiais

O inhame pé-de-elefante (EFY) (cultivar: Bidhan Kusum) foi obtido em Bidhan Chandra Krishi Vishwavidlaya, Bengala Ocidental, Índia. Os produtos químicos e solventes utilizados eram de qualidade da American Chemical Society (ACS).

V.2.1. Isolamento do amido

Utilizando métodos previamente descritos, o amido foi extraído do inhame pé-de-elefante [157, 169]. Depois de descascados e triturados, os tubérculos foram limpos com água da torneira e dissolvidos em soluções de metabissulfito de potássio (0,25% p/v) contendo 0,12% de ácido cítrico (0,12% p/v) durante uma hora. A trituração dos tubérculos foi efectuada num triturador de laboratório, com adição de água, seguida de filtração da pasta com um filtro de malha 300 BSS.

O filtrado foi mantido a 4 °C durante 90 minutos para sedimentar. A lavagem da pasta de amido foi repetida várias vezes até o pH se tornar neutro. Para garantir a extração máxima de amido, a suspensão de amido foi centrifugada a 3500 x g durante 10 minutos. Decantou-se a camada superior e o amido foi seco num secador de ar quente a 40°C. O teor de humidade do amido extraído foi de 6% (w/w) com 99,09% de pureza.

V.2.2 Modificação do amido

A modificação do amido foi efectuada de acordo com o nosso trabalho anterior [159]. O teor de humidade inicial do amido nativo era de 6% (w/w). Para atingir o teor de humidade desejado para cada tratamento, foi adicionada uma certa quantidade de água destilada com agitação constante. Os métodos para preparar as EFYS optimizadas utilizando várias técnicas de aquecimento são apresentados abaixo:

(a) Tratamento em estufa de ar quente (HAO): EFYS (100 g, base seca) colocados em recipientes de vidro com tampa de rosca e colocados num forno de ar quente (forno Heraeus, Thermo Fisher Scientific, EUA) a 120 °C com 35% de teor de humidade (w/w) durante 4 h.

(b) Tratamento em autoclave (AL): A EFYS (100 g, base seca) foi colocada num recipiente hermético de polipropileno e tratada num autoclave (RA-PC, Reico Equipment & Instrument, Kolkata, Índia) a 128 °C durante 30 minutos com c) Tratamento por micro-ondas (MW): EFYS (100 g, base seca) colocada num recipiente hermético de vidro para micro-ondas e aquecida num forno de micro-ondas (UWave-1000, Shanghai Sineo, China) a 520 W com 35% de teor de humidade (w/w) durante 120 s.

Para obter tamanhos de partículas uniformes, todas as amostras de amido foram trituradas com um pilão e passadas por uma peneira de 150-цт.

V.2.3 Teor de amilose

O método calorimétrico foi utilizado para determinar o teor de amilose [170]. Foi utilizada amilose pura de batata tipo III (HiMedia, Índia) para a preparação da curva padrão. As amostras de amido (100 mg) foram misturadas com 1 mL de etanol destilado e 10 mL de NaOH 1N. A mistura foi mantida durante a noite à temperatura ambiente. O volume da solução foi ajustado para 100 mL e 2,5 mL da solução extraída foram misturados com água destilada (20 mL) com a adição de três gotas de indicador de fenolftaleína. A titulação foi efectuada adicionando HCl 0,1 N, gota a gota, até ao desaparecimento da cor rosa. Adicionou-se 1 mL de reagente de iodo à solução e o volume foi ajustado para 50 mL. Foram retiradas alíquotas da solução para medir a absorvência a 510 nm utilizando um espetrómetro (espetrómetro Varian 50 Bio UV-visível).

V.2.4 Propriedades funcionais

V.2.5. Poder de inchamento e solubilidade

O poder de inchamento (SP) e a solubilidade (SL) do EFYS nativo e modificado foram medidos de acordo com o método descrito [171]. As amostras de amido (0,5 g, base seca) foram dissolvidas em 20 mL de água destilada e deixadas a aquecer a 50 °C, 60 °C, 70 °C, 80 °C e 90 °C durante 30 min num banho de água. Todas as pastas de amido aquecidas foram centrifugadas a 14000 x g durante 15 minutos utilizando uma centrifugadora (Thermo Scientific Multifuge X1R, Waltham, Massachusetts, Estados Unidos). Após a centrifugação, o resíduo húmido ou sedimento foi pesado e procedeu-se a uma decantação cuidadosa do sobrenadante para um prato de evaporação previamente tarado. Finalmente, as amostras foram deixadas a secar durante a noite a 105°C até se obter um peso constante. O SP e o SL foram calculados utilizando as seguintes Eqs. (5.1) e (5.2), respetivamente.

$$Swelling\ power\ (g/g) = \frac{weight\ of\ dry\ sediment}{weight\ of\ dry\ starch - weight\ of\ dissolved\ starch}$$

(5.1)

$$Solubility\ (\%) = \frac{dried\ solid\ weight\ of\ supernatant}{weight\ of\ dry\ sample} \times 100$$

(5.2)

V.2.6. Capacidade de retenção de água (WHC)

A capacidade de retenção de água (WHC) foi medida de acordo com o método descrito com uma pequena modificação [172]. Cerca de 100 mg de amostras de amido foram misturados com 10 mL de água destilada num tubo de centrifugação (50 mL). As amostras de amido foram aquecidas a 30 e 90 °C num banho de água durante 2 h, seguidas de arrefecimento e centrifugadas a 14.000 x g durante 15 min. Os sobrenadantes foram cuidadosamente eliminados e o peso dos tubos de centrifugação com resíduos foi medido. A WHC foi calculada através da seguinte Eq. (5.3).

$$WHC(g/g) = \frac{Residualweightaftercentrifugation - Weightofstarch\,(db)}{Weightofstarch\,(db)}$$

(5.3)

V.2.7. Cromatografia de Permeação em Gel (GPC)

As distribuições das fracções mássicas molares de EFYS nativas e modificadas foram examinadas por cromatografia de permeação em gel (GPC) utilizando dispersão de luz laser (SECMALLS) num sistema PSS SECcurity2 acoplado a um detetor de dispersão de luz laser SLD2020/9000 (PSS Polymer Standards Service, Mainz, Alemanha) equipado com um laser He-Ne que funciona com um comprimento de onda laser de X0 = 660 nm e um detetor PSS SECcurity2 Detetor de RI. As amostras de amido (5 mg) foram misturadas com 5 mL de dimetilsulfóxido (DMSO) com nitrato de sódio 0,5 M (NaNO3) e agitadas num banho de água a ferver durante 2 h, seguido de 40°C durante 24 h antes da medição. Antes da medição, a solução foi filtrada através de um filtro de 5 mm. As experiências de GPC foram efectuadas utilizando um instrumento Agilent Technologies 1260 constituído por uma bomba, um amostrador automático e um forno de coluna. Como eluente foi utilizado DMSO com NaNO3 0,5M. A separação cromatográfica foi efectuada utilizando uma combinação de 3 colunas PSS GRAM, 10 inn, 8 x 300 mm, porosidades: 30, 1000, 1000 (PSS Polymer Standards Service, Mainz, Alemanha) a um caudal de 0,5 mL/min e a uma temperatura de coluna de 80°C. O volume de injeção foi de 40 iL. Foi utilizado um incremento do índice de refração de 0,0559 mL/mg para avaliação (Russ, 2016). Para a avaliação GPC convencional, foram utilizadas massas molares de padrões de pululano entre 180 g/mol e 800000 g/mol (PSS Polymer Standards Service Mainz, Alemanha). Todos os dados foram registados e avaliados utilizando o software PSS WinGPC UniChrom (PSS Polymer Standards Service, Mainz, Alemanha).

V.2.8 Colar propriedades

As propriedades de colagem (perfil viscosidade-temperatura) fornecem a informação sobre a gelatinização dos amidos com a temperatura e o tempo de aquecimento. Imita a medição amilográfica do amido. O perfil viscosidade-temperatura foi medido num reómetro controlado por tensão (HR3 Discovery

Hybrid Rheometer, TA Instruments, New Castle, Inglaterra) a uma taxa de cisalhamento constante de 200 s^{-1} utilizando uma geometria de palheta de aço inoxidável com um diâmetro de 14 mm. As suspensões de EFYS nativas e modificadas com HMT foram preparadas a 6% w/w e agitadas bem utilizando um agitador vortex (Ika Vortex Genius 3, Sigma Aldrich, Alemanha).

A suspensão EFYS bem dispersa (30 mL) foi transferida para a geometria cilíndrica. A temperatura das amostras de ensaio foi aumentada de 25 °C para 95 °C com uma taxa de aquecimento de 5 °C/min; mantendo 95 °C durante 15 min, seguido de arrefecimento para 25 °C. Para regular a temperatura, foram utilizados um termocirculador de água e um dispositivo de controlo da temperatura Peltier. Todas as experiências foram efectuadas em triplicado e o desvio entre os ensaios não excedeu 5%.

V.2.9. Morfologia da pasta de amido

A pasta de EFYS nativa e modificada foi preparada aquecendo a suspensão de amido (6% w/w) de 25°C a 95°C utilizando um agitador térmico (Hettich Laboratory, Alemanha) com uma taxa de aquecimento de 5°C/min. A pasta de amido recolhida foi liofilizada durante 3 horas utilizando um liofilizador (Alpha 1-2 LD plus, Alemanha). A morfologia da pasta de amido foi estudada com um microscópio eletrónico de varrimento (LEO 1530 Gemini, Alemanha), utilizando uma tensão baixa de 0,100 kV e sem pulverização de metais ou revestimento de carbono na superfície antes da observação. A distância de trabalho da sonda de electrões foi mantida em 1,9 mm.

V.2.10. Escoamento de cisalhamento constante

As medições de cisalhamento constante das dispersões de amido foram realizadas num reómetro HR3 Discovery Hybrid (TA Instruments, New Castle, Reino Unido) utilizando uma geometria de placa paralela de aço inoxidável (40 mm) com uma abertura de 1000 µт. As pastas de amido (500 mg de amostra de amido (d.b) + 2 mL de água destilada) foram preparadas e mantidas durante 1 h para hidratação com agitação constante a 200 rpm. As pastas de amido foram então transferidas para a placa inferior fixada numa placa peltier do reómetro. As dispersões de amido foram aquecidas isotermicamente a uma temperatura superior e inferior à temperatura de gelatinização a 80 °C e 95 °C, respetivamente, para compreender a influência do aquecimento nas propriedades do gel. As medições foram efectuadas em duas etapas, com um corte de 0,1 a 100 s- 1 e de 100 a 0,1 s- 1 (para a frente e para trás).

V.2.11. Medição do cisalhamento oscilatório de pequena e grande amplitude

Foi utilizado um Reómetro Híbrido HR3 Discovery controlado por tensão (TA Instruments, New Castle, Inglaterra) para testar as características viscoelásticas da EFYS nativa e modificada, utilizando uma geometria de placa de aço paralela (40 mm) com uma folga geométrica de 1000 цт. As amostras de amido (500 mg) foram misturadas com 2 mL de água destilada num agitador de vórtice (Ika Vortex Genius 3, Sigma Aldrich, Alemanha) durante 5 minutos para produzir pastas de EFYS nativas e modificadas. O gel de amido foi preparado aquecendo a suspensão de amido a 25% (base seca) de 25 a 95°C e arrefecendo novamente de 95 a 25°C na placa do reómetro a uma taxa de 5°C /min a uma frequência constante (1 rad/s) e tensão (0,5%). O óleo de silicone (viscosidade de 50 mPa.s) foi aplicado no bordo da amostra, seguido da colocação do coletor de solvente na geometria de aço inoxidável para minimizar a perda por evaporação. As amostras de pasta de amido foram deixadas arrefecer a 25°C e equilibradas durante 1 min. As medições de cisalhamento oscilatório de pequena amplitude (SAOS) e de cisalhamento oscilatório de grande amplitude (LAOS) foram efectuadas a 25 °C com uma tensão de oscilação variada de 0,01-1000% a uma frequência angular constante de 1 Hz. As varreduras de deformação foram realizadas de 0,1 a 1000% nas amostras de teste a uma frequência constante de 1 Hz, assegurando que a amostra está numa escala de tempo fixa. As formas de onda brutas foram recolhidas a partir do software instrumental (Trios, TA Instruments) e os dados foram analisados utilizando o software Oreo [173].

V.2.12 Modelação do LAOS

A força relativa dos harmónicos mais elevados é utilizada como métrica não linear na reologia da transformada de Fourier, e a tensão não sinusoidal criada pelo ensaio LAOS é expressa pela série de Fourier da escala elástica. Considerando a reologia por transformada de Fourier, toda a resposta de tensão das amostras pode ser convertida do domínio do tempo para o domínio da frequência, utilizando uma série de Fourier de harmónicos múltiplos, com $G_n{}'$ e $G_n{}''$ a refletir as formas opostas de escala elástica e viscosa, respetivamente, e descritas na seguinte Eq. (5.4):

$$\sigma(t, \omega, \gamma_0) = \gamma_0 \sum_{n:odd} \left\{ G'_n(\omega, \gamma_0) \sin(n\omega t) + G''_n(\omega, \gamma_0) \cos(n\omega t) \right.$$

(5.4)

Onde σ é a tensão total (Pa), t é o tempo, $\omega\omega$ significa frequência angular (rad/s), $\gamma0$ representa a amplitude da deformação aplicada, G_n' e G_n'' correspondem aos módulos elástico e viscoso para a enésima harmónica, respetivamente. Uma vez que a resposta à tensão é considerada de simetria ímpar no que diz respeito à direccionalidade da deformação ou da taxa de deformação, esta equação inclui apenas os harmónicos ímpares5. O número de sub-harmónicos em relação à intensidade harmónica é um método padrão para avaliar os efeitos não lineares.

$$I_{n/1}(\omega, \gamma_0) \equiv \frac{I_n(\omega, \gamma_0)}{I_1(\omega, \gamma_0)}, n > 1$$

$$(5.5)$$

A contribuição do n-ésimo componente harmónico é quantificada pelo rácio I $_{n/1}$ (ω, γ_0). No entanto, o rácio I $_{3/1}$ (ω, γ_0) é considerado como um índice de não linearidade. A transformação de Fourier foi efectuada utilizando o software Oreo (Versão 1.0) e as curvas de Lissajous-Bowditch foram preparadas utilizando o mesmo pacote [173]. As curvas de Lissajous-Bowditch são traçadas com a tensão versus a deformação numa determinada deformação de oscilação de 0,62%, 6%, 29%, 46%, 76%, 462% e 765%.

V.2.13 Análise estatística

O OriginPro 8.0 (Origin Lab Co. Northampton, MA, EUA) foi utilizado para a análise estatística. Todas as experiências foram efectuadas em triplicado e apresentadas como média ± desvio-padrão. Sempre que aplicável, as médias foram comparadas através de uma análise de variância (ANOVA) unidirecional com o teste de comparação múltipla de Duncan ($p < 0,05$) utilizando o software estatístico SPSS (versão 22, IBM) com uma significância de 95%.

V.3. Resultados e discussões
V.3.1. Teor de amilose

O conteúdo de amilose após a modificação HMT foi aumentado na seguinte ordem de HAO > MW > AL > EFYS nativo e observado na Tabela 5.1. A diferença significativa ($p < 0,05$) no conteúdo de amilose foi observada em EFYS tratadas com HAO (28,48%) e MW (26,98%) em relação às EFYS nativas e tratadas com AL. No entanto, foi detectado um desvio não significativo no conteúdo de amilose entre as EFYS tratadas com AL em relação às EFYS nativas. A modificação HMT promove a quebra local da ligação a-(1,6)-glicosídica, o que leva ao aumento do teor de amilose [4]. Os tratamentos HAO e MW foram mais eficazes na quebra local de ligações a-(1,6)-glicosídicas em comparação com o tratamento AL. O aumento do teor de amilose após a modificação HMT dos amidos de arroz também foi registado [180]. A quebra local da ligação a-(1,6)-glicosídica também foi confirmada por medições de cromatografia de permeação em gel (GPC), que foram relatadas na nossa publicação anterior [177]. O aumento do teor de amilose após a modificação HMT desempenha um papel significativo na formação da rede que foi descrita nas seguintes experiências físicas (propriedades de inchamento, comportamento de colagem e estudo de cisalhamento oscilatório de grande amplitude).

Quadro 5.1 Teor de amilose, peso molecular da amilopectina sob diferentes temperaturas

tratamentos e capacidade de retenção de água de EFYS nativas e modificadas

Tipo de amido	Amilose (%)	Peso molecular (10^7 g/mol)	Fl (%) > 10^6 g/mol	F2(%) < 10^6 g/mol	WHC (g/g)	
					30'	C90*C
Nativo EFYS	18.01 ± 1.16 [a]	6,39 +0,17[a] (0,7%)	76.1 ± 0.7 [b]	23.9 ± 0.7 [b]	4.51 ±5 0,14[a]	.36 + 0,05 [a]
HAO EFYS	28.48 + 0.50 [b]	4.51 +0.22[b] (0.7%)	65.25 ± 0.35[a]	34.75 ± 0.35[a]	2.78+3 0,14[b]	.69 + 0,14 [b]
AL EFYS	22.61 + 0.66 [a]	5,37 +0,19[C] (0,7%)	74.8 + 0.6[b]	25.2 ± 0.6[b]	4.21+4 0,02[c]	.92 + 0,02 [c]
MW EFYS	26.98 ± 0.59 [b]	4,71 ±0,14[b] (0,7%)	69.25 ±0.55[c]	30.75 + 0.55[c]	3.13±4 0,11[d]	.04 + 0,05 [d]

F1: cadeia longa de amilopectina (maior massa molar); F2: cadeia curta de amilopectina (menor massa molar); Os dados são apresentados como média ± DP (análise em triplicado). Valores com diferentes sobrescritos na mesma coluna são significativamente diferentes (p < 0,05) pelo teste de intervalo múltiplo de Duncan.

V.3.2. Propriedades funcionais

As mudanças no poder de inchamento (SP) e solubilidade (SL) de EFYS nativo e HMT em função da temperatura de 50-90°C são abordadas na Fig. 5.1a e b. O SP e SL de EFYS nativo foi maior em cada temperatura e diminuiu em EFYS modificado na ordem de HAO < MW < AL < EFYS nativo. No entanto, com o aumento da temperatura de 50-90°C, SP e SL foram substancialmente aumentados para todas as amostras. O aumento da temperatura pode promover o rompimento das ligações de hidrogénio intermoleculares que permitiram o aumento da absorção de água. Para além disso, a maior redução do SP foi observada nas EFYS tratadas com HAO e correlacionada com o maior aumento do teor de amilose. Após o aumento da temperatura de 50°C para 90°C, a maior quantidade de amilose nativamente presente sai dos grânulos e forma uma rede transitória temporária entre si e com a amilopectina clivada após a quebra local de ramos. Isto leva ainda a restrições de absorção de água e inchaço em EFYS tratadas com HAO, seguidas de EFYS tratadas com MW e AL. A redução das propriedades de inchamento após a modificação HMT também resulta na diminuição do pico de viscosidade, que é discutido na secção seguinte. No entanto, o nosso estudo anterior relatou a formação de aglomerados ou agregados de partículas de amido após os tratamentos [180]. A redução da solubilidade pode também ser atribuída à presença de agregados de partículas mais elevados após a HMT, o que restringe ainda mais a absorção de água.

A capacidade de retenção de água (WHC) diminuiu significativamente (p < 0,05) após a modificação HMT a 30 e 90 °C na ordem de HAO < MW < AL < EFYS nativo (Tabela 5.1). No entanto, o aumento do WHC foi detectado ao aumentar a temperatura de 30 para 90 °C, o que se deve à gelatinização do amido como resultado do tratamento térmico. Assim, o inchaço do amido associado ao processo de gelatinização resultou no aumento do WHC a uma temperatura mais elevada (90 °C). Para além disso, a diminuição do WHC no EFYS modificado com HMT implica a formação de uma forte estrutura de rede amilose-amilose e amilose-amilopectina que restringe ainda mais a absorção de moléculas de água. O resultado está de acordo com o aumento do teor de amilose e a diminuição das propriedades de inchamento do EFYS modificado na ordem de HAO < MW < AL < EFYS nativo. Além disso, a redução do WHC atrasou a temperatura de colagem no EFYS modificado, o que é claramente visível nas seguintes experiências de propriedades de colagem.

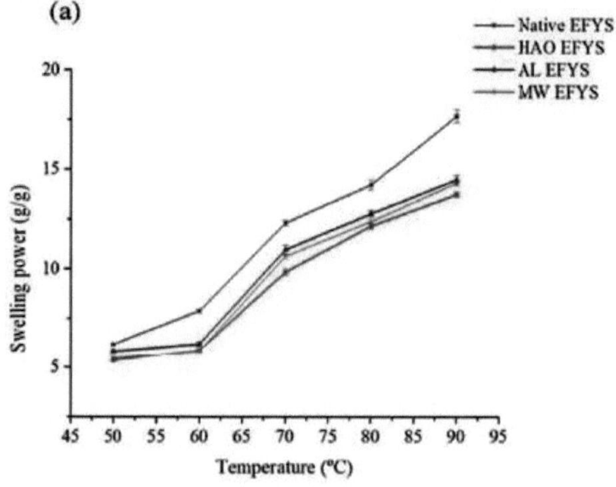

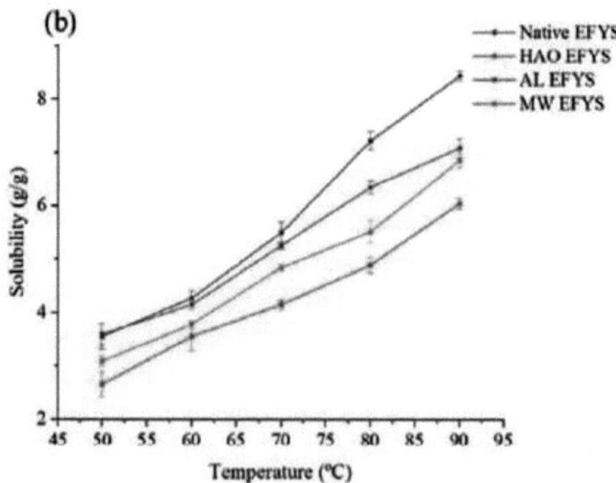

Fig. 5.1 Poder de inchamento em g/g (SP) (a); solubilidade (SL) em g/g de

EFYS nativa e modificada (b)
V.3.3. Perfil de viscosidade-temperatura
O aquecimento não isotérmico do perfil viscosidade-temperatura do EFYS varia significativamente quando o amido é sujeito a várias modificações HMT (Fig. 5.2). O amido nativo teve a viscosidade aparente (n) mais baixa e as amostras de amido tratadas apresentaram um n mais elevado na ordem de HAO > AL > MW > EFYS nativo. Com exceção da amostra HAO, que apresentou uma melhoria gradual do valor de n, as pastas de amido não apresentaram qualquer aumento de n durante o aquecimento da amostra de 25 a 85 °C. Ao quebrar os cristalitos de amido, o n das dispersões nativas de EFYS e AL EFYS começou a aumentar a 90,6 e 92,3 °C, respetivamente, e continuou até atingir o valor máximo a 95 °C. As temperaturas de iniciação das amostras tratadas com MW e HAO foram 94,5 e 96,0 °C, respetivamente. O aquecimento isotérmico das dispersões de amido a 95 °C durante 15 minutos resultou no facto de a viscosidade aparente atingir um patamar. A viscosidade n continuou a aumentar quando a temperatura das dispersões de amido diminuiu de 95 para 25 °C e equilibrou-se depois disso durante a manutenção a 25 °C. As propriedades de colagem das amostras de amido nativo e modificado são apresentadas na Tabela 5.2. Pode ver-se que a temperatura de colagem (TP) do amido nativo (90,6 °C) aumentou significativamente (p < 0,05) com o tratamento, e o EFYS tratado com HAO teve o valor máximo de TP (96,0 °C). O aumento do PT para o EFYS modificado com HMT pode ser correlacionado com o aumento da temperatura de gelatinização, que foi relatado nos nossos estudos anteriores3 . Isto implica que o EFYS modificado com HMT forma estruturas mais estáveis e funde a uma temperatura mais elevada e, assim, apresenta valores de PT mais elevados (Fig. 5.3). Os parâmetros de colagem, nomeadamente a viscosidade de pico (PV), a viscosidade de vale (TV), a viscosidade final (FV), a viscosidade de rutura (BV) e a viscosidade de recuo (SV) são apresentados na Tabela 5.1. A PV reduziu significativamente após o tratamento de 1114 cP para 1044 cP. A diminuição do PV do EFYS pode ser plausivelmente atribuída à capacidade restrita de inchaço dos grânulos, o que também é confirmado pelo presente estudo. A diminuição do PV ocorreu com a redução das propriedades de inchamento na seguinte ordem: HAO < MS < AL < EFYS nativo (Fig. 5.1). A BV de todas as EFYS tratadas diminuiu significativamente (p < 0,05) em comparação com as EFYS nativas. O decréscimo na BV indica um aumento na estabilidade do amido durante operações de processamento de alimentos com maior aquecimento e cisalhamento [155]. Foram registados resultados semelhantes no amido de castanha da Índia modificado com HMT [20]. Foi observado um aumento de SV e FV em HMT EFYS e o mais elevado foi registado em HAO modificado EFYS

em comparação com outros tratamentos. O aumento do FV significa a capacidade do amido para produzir uma pasta viscosa. Uma vez que a amilose na pasta de amido retrograda durante o arrefecimento, as moléculas de amido começam a realinhar-se. Após o arrefecimento, ocorre a recristalização parcial da amilopectina, seguida da formação de estruturas helicoidais de amilose [175]. A presença de mais amilose a partir da quebra local de ramos de amilopectina nos tratamentos HAO e MW foi relatada pelo nosso estudo anterior [157]. Isto contribui para a presença de mais estruturas helicoidais duplas de amilose e fase cristalina ordenada após o arrefecimento que leva ao aumento da viscosidade final durante o arrefecimento em HAO e MW EFYS.

Tabela 5.2 Propriedades de colagem da EFYS nativa e modificada por HMT

Starch type	Pasting properties					
	PT (°C)	PV (cP)	TV (cP)	BV (cP)	SV (cP)	FV (cP)
Native EFYS	90.6 ± 0.62 a	1114 ± 6.83[a]	582 ± 1.42 a	533 ± 5.40 a	1374 ± 1.62 a	1955± 3.05 a
HAO EFYS	96.0 ± 0.50 b	1045± 2.94 b	877 ± 8.44 b	169 ± 0.78 b	1883 ± 15.47 b	2760 ± 7.33 b
AL EFYS	92.3 ± 0.48 c	1059 ± 1.14 c	564 ± 3.46 c	495 ± 2.20 c	1304 ± 1.87 [c]	1867± 1.80 c
MW EFYS	94.5 ± 0.33 d	1098 ± 1.00 d	704 ± 0.94 d	393 ± 1.78 d	1412 ± 1.39 d	2117 ± 1.10 d

PV, TV, BV, BD, SV, FV e PT indicam, respetivamente, a viscosidade máxima, a viscosidade mínima, a viscosidade de rutura, a viscosidade de recuo, a viscosidade final e a temperatura de colagem. Os dados são apresentados como média ± DP (análise em triplicado). Os valores com sobrescritos diferentes na mesma coluna são significativamente diferentes (p < 0,05) pelo teste de intervalo múltiplo de Duncan.

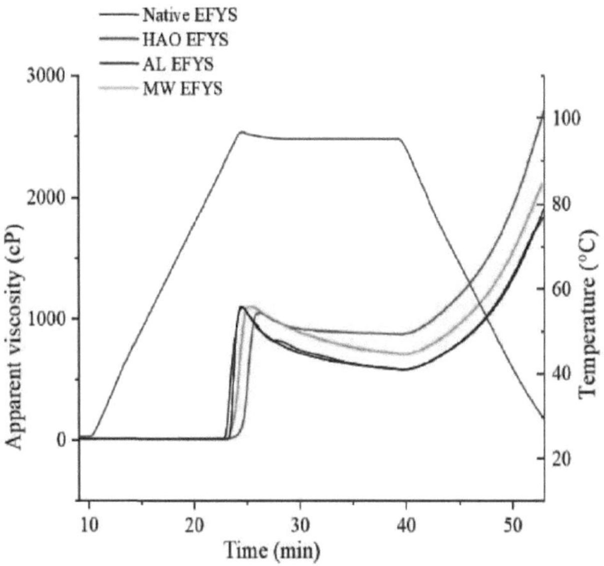

Fig. 5.2 Propriedades de colagem da EFYS nativa e modificada

Fig. 5.3 Morfologia da pasta de amido (a) EFYS nativa, (b) HAO EFYS, (c) AL
EFYS, (d) MW EFYS

V.3.4. Morfologia da pasta de amido

A morfologia da pasta EFYS nativa e modificada observada através de microscopia eletrónica de varrimento é apresentada na Fig. 5.3. A pasta EFYS nativa (Fig. 5.3a) revelou perturbações nas estruturas granulares com a ocorrência de uma maior desordem granular, irregularidades na superfície e a formação de amolgadelas, riscos e picadas. No entanto, diferentes tratamentos de modificação transformaram os grânulos de amido de forma diferente, o que é evidente na Fig. 5.3b-d em comparação com o seu equivalente nativo. O grau de desordem estrutural foi considerado proeminente na EFYS nativa, seguido da EFYS tratada com AL (Fig. 5.3c) e da EFYS tratada com MW (Fig. 5.3b). As alterações na morfologia das pastas de amido modificadas foram devidas aos diferentes graus de gelatinização, como confirmado pelas diferentes temperaturas de pastas (Tabela 5.2). Por outro lado, a pasta HAO EFYS exibiu a presença de grânulos de amido esféricos com uma degradação mínima da superfície (ver setas vermelhas na Fig. 5.3b). Quando as suspensões de amido são aquecidas, os grânulos de amido absorvem água, causando uma rutura estrutural que leva ao aumento da viscosidade. Como mencionado anteriormente, devido às propriedades de inchaço mais baixas (Fig. 5.1), o HAO EFYS absorve menos água, causando uma menor degradação estrutural e apresenta um pico de viscosidade mais baixo. No entanto, devido ao maior aumento de amilose (Tabela 4.1), a HAO EFYS mostra uma rápida retrogradação após o arrefecimento, levando ao aumento da viscosidade final. Do mesmo modo, a presença de algumas estruturas granulares intactas na HAO EFYS confirma a menor capacidade de inchamento dos grânulos de amido. Por conseguinte, a pasta HAO EFYS apresenta uma maior estabilidade em comparação com a sua contraparte nativa. O desenvolvimento de estruturas estáveis suporta ainda o maior aumento da temperatura de colagem da pasta HAO EFYS.

V.3.5. Efeito do aquecimento isotérmico no comportamento do fluxo de cisalhamento constante

Para compreender as propriedades de fluxo das amostras de EFYS gelatinizadas e não gelatinizadas nos seus estados nativo e modificado, foi efectuado um estudo de fluxo de cisalhamento constante em duas condições de aquecimento isotérmico de 80 e 95°C, o que significa condições não gelatinizadas e gelatinizadas, respetivamente. O aquecimento isotérmico das pastas de amido nativo e modificado com HMT a 80 e 95°C ilustra que a viscosidade aparente (n) de todas as amostras aumentou sistematicamente à medida que a temperatura aumentou de 80 para 95°C (Fig. 5.4). Isto confirma o aumento significativo da viscosidade n para todas as amostras após a gelatinização. Além disso, as EFYS tratadas com HAO e MW apresentaram o aumento máximo em n, enquanto as EFYS tratadas com AL tiveram um perfil de viscosidade semelhante antes e depois da gelatinização com EFYS nativa. A formação destas estruturas de rede na pasta de EFYS modificada aumenta a viscosidade n. Um modelo esquemático para a formação de estruturas de rede transitórias entre a amilose nativamente presente e a parte linear menos ramificada da amilopectina durante a gelatinização foi relatado anteriormente, o que ocorre devido à quebra local de ramos de amilopectina durante a modificação [157].

Na ordem das EFYS nativas, AL, MW e tratadas com HAO, o presente estudo também mostra uma correlação física positiva significativa com o aumento da amilose e o aumento da viscosidade durante o fluxo de cisalhamento constante. Além disso, o maior aumento da viscosidade foi observado nas EFYS tratadas com HAO, o que pode ser correlacionado com a seguinte experiência reológica (LAOS).

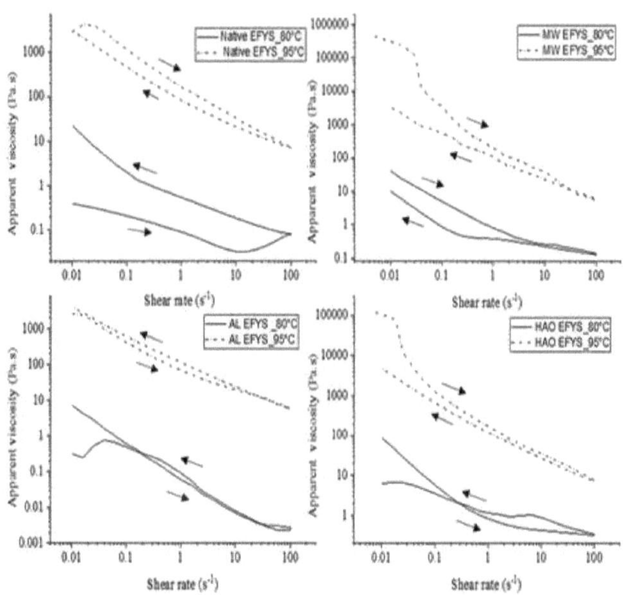

Fig. 5.4 Fluxo de cisalhamento constante durante o aquecimento isotérmico a 80 e 95 °C de EFYS nativa e modificada com HMT com taxa de cisalhamento 0,01- 100 1/s

V.3.6. Comportamento de cisalhamento oscilatório de grande amplitude

As medições de cisalhamento oscilatório de grande amplitude (LAOS) foram efectuadas com o aumento da tensão de oscilação. As curvas de Lissajous fornecem a informação da diferença visual na resposta não linear à tensão após a distorção da forma elíptica das curvas [176]. Consequentemente, no presente estudo, as alterações nas propriedades viscoelásticas dos amidos nativos e modificados com o aumento da amplitude da deformação aplicada foram observadas e registadas na Fig. 5.5b. O EFYS nativo mostrou que, a uma baixa amplitude de deformação, os laços elásticos de Lissajous são elipsoidais (até 76% da deformação), mostrando que a resposta das dispersões de amido é dominada pela elasticidade (Fig. 5.5b (i)). As mudanças na informação estrutural do comportamento elástico para o viscoso são percebidas quando as formas do gráfico de Lissajous-Bowditch mudam de um paralelogramo elíptico para um paralelogramo arredondado, indicando uma transição do comportamento dominado pela elasticidade para o comportamento dominado pela viscosidade.

Com o aumento das amplitudes de deformação no regime viscoelástico não linear, os laços elásticos de Lissajous (elípticos) mudam para formas rectangulares para todas as amostras. As EFYS nativas e tratadas com AL mostraram um comportamento elástico até 76% e 46%, respetivamente, enquanto que a distorção das formas elípticas foi notada muito cedo, a 29%, para as EFYS tratadas com HAO e MW, indicando a alternância avançada para a natureza viscosa. Na região viscoelástica não linear sob uma tensão de oscilação mais elevada e no seguimento da destruição e reestruturação do amido, as cadeias lineares de amilose e as cadeias ramificadas de amilopectina foram desfeitas sob cisalhamento e transformadas de bobinas aleatórias para um estado orientado [168].

Os resultados das experiências podem ser interpretados com ideias físicas simples, que fornecem uma visão geral dos processos básicos que podem ocorrer durante o tratamento térmico. Foi demonstrado anteriormente que diferentes métodos de tratamento térmico têm um impacto na composição molecular da EFYS [157]. O peso molecular diminui e a concentração de "amilose de cadeia curta" aumenta. Consequentemente, a estrutura muda a nível molecular. Estas alterações estruturais têm impacto no comportamento de cisalhamento e determinam o LVE, bem como a deslocação e a altura da corcunda na Fig. 5.4a. Obviamente, os valores de deformação para o máximo da saliência e a sua altura diminuem sistematicamente com a redução do peso molecular efetivo da amilopectina, reproduzido na Tabela 5.1. A corcunda se e em preparações de pasta de amido foi anteriormente abordada à estrutura especial da amilopectina gelatinizada, porque os polímeros ramificados individuais não podem interpenetrar-se amplamente uns aos outros devido à sua grande conetividade [177-178]. Além disso, as cadeias de polímeros lineares, como a amilose, não são capazes de penetrar na amilose ramificada, por razões entrópicas e energéticas, as interacções de volume excluído terminam com uma repulsão logarítmica, diminuindo a distância [179]. No entanto, em altas deformações de cisalhamento, a amilopectina gelatinizada é forçada a aproximar-se, a força de cisalhamento precisa de aumentar até que as amiloses externas se tornem altamente deformadas e a amilopectina grande e ramificada possa passar uma pela outra.

A HMT dos amidos sugere alterações estruturais, como se pode ver na Fig. 5.6 num desenho animado demasiado simplificado. A amilopectina semi-cristalina e ramificada do amido nativo apresenta-se em feixes dispostos em blocos, constituídos por

de hélices duplas de braços de amilose (azul e preto). A amilose nativa de cadeia longa linear também está presente como hélice (vermelho). Em presença suficiente de água, a estrutura cristalina funde-se sob ação do calor, mas as moléculas mantêm a sua conetividade.

A amilopectina liga a maior parte da água, as moléculas ramificadas tornam-se altamente inchadas. As cadeias longas lineares de amilose separam-se das estruturas ramificadas, minimizando a energia livre. Durante a HMT, algumas das ligações glicosílicas da amilose (a-1,4) rompem-se (como mostrado de forma exagerada na Fig. 5.6), e os blocos são libertados da espinha dorsal da amilopectina. Dependendo das concentrações locais de água, os blocos podem reorganizar-se em nanocristais ou, em alternativa, as suas hélices desenrolam-se e contribuem para o teor de amilose de cadeia curta durante a gelatinização. A outra consequência da quebra aleatória de ligações cria aglomerados de amilopectina mais pequenos, mas com uma topologia semelhante à do feixe original. Alguns deles podem assemelhar-se a um polímero "tipo estrela", dependendo da intensidade da HMT, que é indicada indiretamente pela alteração do peso molecular e pelo correspondente aumento das concentrações de amilose de cadeia curta (como descrito na Tabela 5.1). De facto, a estrutura e o peso molecular dos restos de amilopectina ramificada também determinam a estabilidade dos nanocristais. Estas moléculas ramificadas apresentam uma elevada ligação à água, pelo que as concentrações locais em torno dos cristais se tornam mais baixas.

Consequentemente, os nano cristais não derretem, uma vez que a temperatura de fusão dos cristais de amido depende fortemente da atividade da água (ver Vilgis (2015) para um resumo) [175]. Assim, a pasta de amido HMT contém uma ampla distribuição de moléculas do tipo amilopectina ramificada, uma mistura de amilose de cadeia longa e curta, e cristais de blocklet resistentes à temperatura (reformados), como mostrado na Fig. 5.7. A amilose linear dissolvida forma uma solução polimérica concentrada, onde as cadeias longas são, em contraste com a amilose de cadeia curta, capazes de se emaranhar. Estas formam uma rede polimérica transitória para além das cadeias ramificadas gelatinizadas. O nanocristal incorporado pode não encontrar uma concentração local de água suficiente, permanecer estável e contribuir para a fração de amido resistente. As diferenças na estrutura molecular dos amidos manifestam-se nas experiências de cisalhamento apresentadas nas Fig. 5.5a e 5.5b. Enquanto as cadeias lineares de amilose se comportam como uma solução polimérica concentrada, parcialmente emaranhada, com uma certa distribuição do peso molecular [26], as cadeias ramificadas não interpenetrantes requerem mais atenção. Especialmente em altas deformações de cisalhamento, quando interagem sob forças fortes. A interação estérica entre duas moléculas de amilopectina ramificadas vizinhas mais próximas é regida por interacções de alto volume de exclusão. Os ramos de diferentes moléculas de amilopectina não se podem emaranhar, mesmo as interpenetrações ligeiras custam uma energia elevada, dando origem a repulsão entre as moléculas ramificadas, como indicado pelas zonas de interação vermelhas na Fig. 5.8. A amilopectina do amido nativo apresenta uma repulsão elevada, a interpenetração deve-se à impossibilidade de ramificação elevada. Após o desbranqueamento induzido pela HMT, as partes soltas de peso molecular mais pequeno e polidisperso reduzem as interacções estéricas. Os restos de amilopectina polidispersos interagem mais fracamente, como mostra a Fig. 5.8. A protuberância torna-se menos pronunciada com o aumento do desarranjo devido a diferentes tipos de HMT, como se pode ver claramente na Fig. 5.5a.

Além disso, a amilose inchada em pastas gelatinizadas encontra-se confinada numa "gaiola", definida por moléculas circundantes, que só se abre com um elevado cisalhamento externo e deformação dos braços exteriores das moléculas ramificadas. A amilopectina nativa, em particular, apresenta assim uma saliência pronunciada em e. O desdobramento por HMT introduz mais componentes e polidispersão no sistema. A gaiola torna-se menos apertada para a amilopectina polidispersa, a amilose de cadeia curta altera a mobilidade molecular local e actua como lubrificante molecular entre os polímeros ramificados. Além disso, o desarranjo das cadeias aumenta os graus de liberdade dos ramos exteriores nos remanescentes. Aparentemente, o tratamento com HAO desarranja a amilopectina o suficiente para que a protuberância desapareça, em contraste com os outros HMT. Vale a pena notar que a deslocação da corcunda corresponde bem à alteração do peso molecular em e .

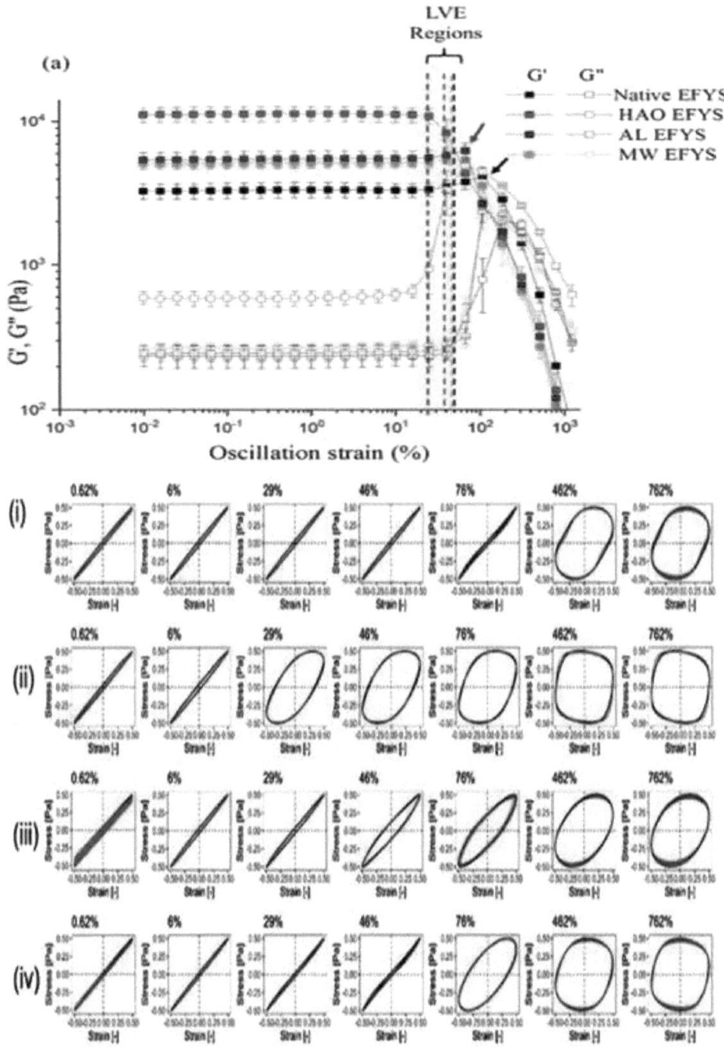

Fig. 5.5 Perfil de varrimento de amplitude da EFYS nativa e modificada (LVR: região viscoelástica linear, as linhas a tracejado pretas, vermelhas, azuis e verdes indicam a região LVR da EFYS nativa, HAO, AL e MW, respetivamente) (a); gráficos de Lissajous-Bowditch (o eixo y é a tensão normalizada e o eixo x é a deformação normalizada) do sistema (i) EFYS nativa, (ii) EFYS tratada com forno de ar quente (HAO), (iii)
EFYS tratada com micro-ondas (MW)
, (iv) EFYS tratada com autoclave (AL). A tensão de oscilação foi indicada na parte superior de

Parcelas de Lissajous-Bowditch (b)

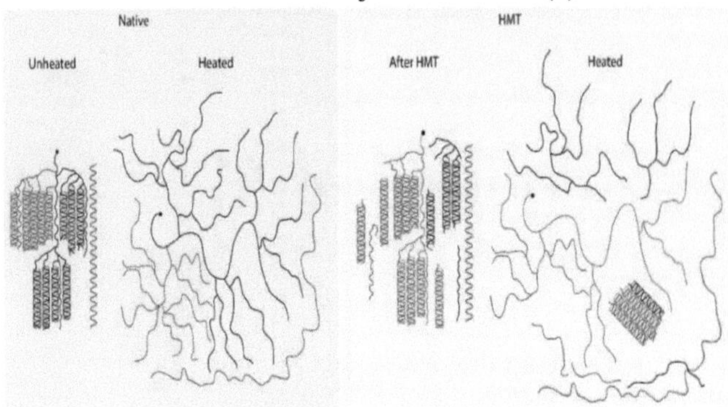

Fig. 5.6 Amidos nativos e HMT antes e depois da gelatinização

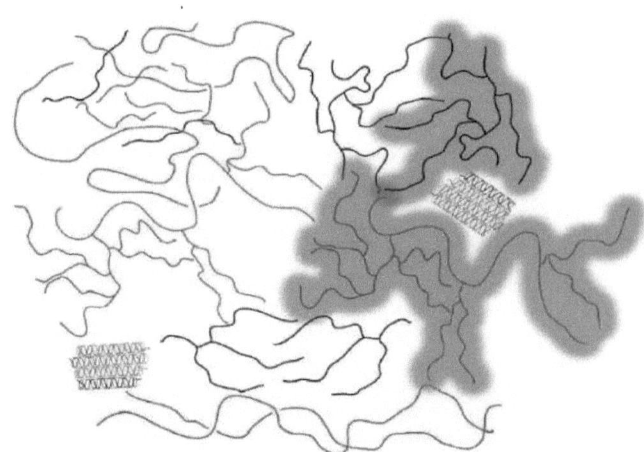

Fig. 5.7 Imagem simples do arranjo molecular da pasta de amido HMT mostrando a ligação da água em três restos de amilopectina ramificada exemplares

A intensidade da corcunda segue sistematicamente os resultados medidos pelo GPC, o que apoia consistentemente a hipótese do modelo mostrado nas Figs. 5.7 e 5.8. A representação de Lissajouis apresentada na Fig. 5.5b fornece uma confirmação adicional. O tratamento HAO mostra o maior desramificação, o que leva a uma alteração significativa da forma no gráfico de Lissajouis, que começa já com baixas deformações (29%). O tratamento MW induz também um efeito mais pronunciado, enquanto o tratamento Alt não parece ser o mais eficaz para o desramificação da amilose.

Os detalhes das diferentes formas entre os gráficos de Lissajous provêm dos

88

rácios das concentrações de amilose de cadeia curta, amilose de cadeia longa, nanocristais, etc. e necessitam de mais análises dos componentes induzidos pela HMT, para além do âmbito deste estudo.

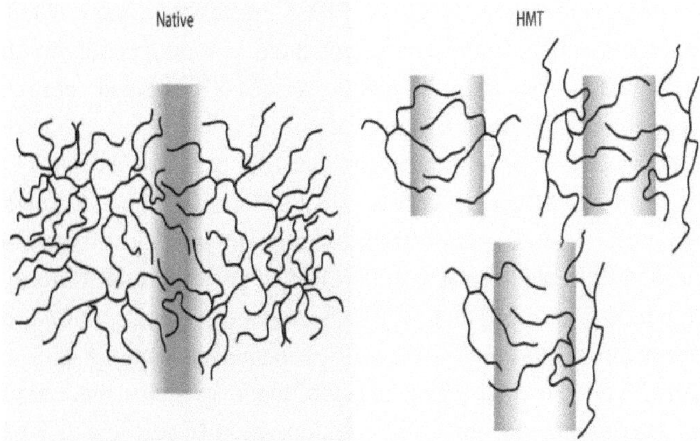

Fig. 5.8. As interacções de volume excluído da amilopectina em amido nativo e HMT em pastas. As barras vermelhas de diferentes intensidades de cor indicam as zonas de interação e as suas forças de repulsão

V.4.Conclusão

Neste capítulo, examinámos as características físicas fundamentais das EFYS nativas e modificadas por HMT e a sua influência estrutural molecular nas propriedades reológicas e mecânicas. Mostrámos os efeitos da HMT nas alterações estruturais dos arranjos da amilose e da amilopectina e nas suas propriedades reológicas e propusemos modelos físicos que explicam o impacto da microestrutura no comportamento de fluxo e nas propriedades viscoelásticas.

A HMT utilizando diferentes fontes de aquecimento influencia significativamente o teor de amilose, o comportamento de inchamento e a capacidade de retenção de água. A maior redução no poder de inchamento e na solubilidade foi observada no EFYS modificado com o tratamento HAO, que também teve um impacto na viscosidade e nas propriedades reológicas. Em correspondência com isto, o perfil de viscosidade-temperatura mostrou um aumento na temperatura de colagem em EFYS modificadas, e o maior aumento foi registado em EFYS tratadas com HAO. A redução do pico de viscosidade nas EFYS modificadas pode ser consistente com as capacidades de inchamento reduzidas. A presença de amilose nas EFYS tratadas com HAO, devido à quebra local das cadeias laterais de amilopectina, realinhou-se a um ritmo mais rápido, formando estruturas helicoidais duplas durante o arrefecimento, aumentando assim a viscosidade final. Além disso, a HMT utilizando HAO tem um impacto profundo na viscosidade durante a análise de cisalhamento em estado estacionário, como indicado pelo seu valor mais elevado. A viscosidade de todas as amostras de amido aumentou significativamente após a gelatinização quando aquecidas isotermicamente a 95°C. A EFYS modificada com HAO e MW mostrou um aumento significativo na viscosidade aparente, enquanto que foram detectadas alterações não significativas na EFYS tratada com AL em comparação com a sua contraparte nativa.

A presença de uma maior estabilidade granular foi observada na HAO EFYS em comparação com a nativa e outras EFYS modificadas. A medição do cisalhamento oscilatório de grande amplitude mostra que a estrutura da HAO e da MW modificada EFYS degrada-se de elástica para viscosa com uma tensão de oscilação baixa (29%), enquanto a EFYS nativa e a tratada com AL exibiram um comportamento elástico até 76% e 46%, respetivamente. Assim, o estudo mostra a funcionalidade melhorada, a estabilidade granular mais elevada e a viscosidade melhorada da pasta de amido modificada em EFYS HMT modificada nas suas condições optimizadas para uma melhor aplicabilidade na produção futura de produtos alimentares à base de amido modificado.

Para além dos nossos estudos anteriores, que se centraram na redução da digestibilidade da EFYS modificada, o presente estudo demonstra claramente as funcionalidades melhoradas e as propriedades reológicas e mecânicas da EFYS modificada, que podem ser benéficas para os doentes obesos e diabéticos, bem como para as indústrias de transformação de alimentos. Além disso, olhando para os modelos físicos desenvolvidos, a formação de nanocristais de amilose estáveis e incorporados na pasta de EFYS modificada com HMT contribui para as fracções de amido resistente. Adicionalmente, as diferenças na estrutura molecular são exibidas nas experiências de cisalhamento. No entanto, a ramificação das cadeias laterais da amilopectina devido ao HMT aumenta a polidispersão do sistema de amido, o que afecta as propriedades reológicas da EFYS modificada com HMT. Entre os polímeros ramificados, a amilose de cadeia curta altera a mobilidade molecular local e funciona como um lubrificante, afectando as propriedades mecânicas, o que é claramente ilustrado nas medições LAOS. Os rácios das concentrações de amilose de cadeia curta, amilose de cadeia longa, nanocristais, etc. determinam as especificidades das várias geometrias entre os gráficos de Lissajous, sendo necessária uma análise mais aprofundada dos componentes induzidos pela HMT, o que está fora do âmbito deste estudo.

Bibliografia

1. Schwartz, D.; Whistler, R. L., Capítulo 1 - História e Futuro do Amido. Em Starch (Third Edition), BeMiller, J.; Whistler, R., Eds. Academic Press: San Diego, 2009; pp 1-10.

2. Sheldrake, P., Starch. Em Food stabilisers, thickeners and gelling agents, Imeson, A., Ed. Wiley-Blackwell: Oxford, 2009; pp 293-324.

3. Willett, J. L., Capítulo 19 - Amido em Composições de Polímeros1. In Starch (Third Edition), BeMiller, J.; Whistler, R., Eds. Academic Press: San Diego, 2009; pp 715-743.

4. BeMiller, J. N., Propriedades de colagem, pasta e gel de combinações de amido-hidrocolóide. Carbohydrate Polymers 2011, 86 (2), 386-423.

5. Breuninger, W. F.; Piyachomkwan, K.; Sriroth, K., Capítulo 12 - Tapioca/Cassava Starch: Produção e Utilização. Em Starch (Third Edition), BeMiller, J.; Whistler, R., Eds. Academic Press: San Diego, 2009; pp 541-568.

6. Xie, S. X.; Liu, Q.; Cui, S. W., Starch modification and applications. Em Food carbohydrates: chemistry, physical properties, and applications Cui SW, Steve, W. C., Ed. CRC Press: Boca Raton, 2005; pp 357-405.

7. Aguilera, J.; Lillford, P., Structure-Property Relationships in Foods. Em Food Materials Science, Aguilera, J.; Lillford, P., Eds. Springer New York: 2008; pp 229-253.

8. Belitz, H.-D.; Grosch, W.; Schieberle, P., Lehrbuch der Lebensmittelchemie. Springer DE: 2008.

9. Pomeranz, Y., Functional properties of food components. Imprensa académica: 2012.

10. Stephen, A. M.; Phillips, G. O., Food polysaccharides and their applications. CRC Press: 2006; Vol. 160.

11. Tolstoguzov, V., Food Polymers. Em Food Materials Science, Aguilera, J.; Lillford, P., Eds. Springer New York: 2008; pp 21-44.

12. Fennema, O. R., Água e gelo. Em Food Chemistry, Fennema, O. R., Ed. Marcel Dekker, Inc.: Nova Iorque, 1996; pp 17-94.

13. Saha, D.; Bhattacharya, S., Hydrocolloids as thickening and gelling agents in food: a critical review. J Food Sci Technol 2010, 47 (6), 587-597.

14. Phillips, G. O.; Williams, P. A., Handbook of hydrocolloids. Elsevier: 2009.

15. Rinaudo, M., Principais propriedades e aplicações actuais de alguns polissacáridos como biomateriais. Polymer International 2008, 57 (3), 397-430.

16. Morris, V. J., Gels. Em The Chemical Physics of Food, Belton, P., Ed. Blackwell Science Ltd: 2007; pp 151-198.

17. Nishinari, K.; Zhang, H.; Ikeda, S., Hydrocolloid gels of polysaccharides and proteins. Current Opinion in Colloid & Interface Science 2000, 5 (3-4), 195-

201.
18. Rao, M. A., Rheological behavior of food gels (Comportamento reológico dos géis alimentares). Em Rheology of Fluid, Semisolid, and Solid Foods, Springer: 2014; pp 331-390.

19. Taggart, P.; Mitchell, J.; Phillips, G.; Williams, P., Starch. Em Handbook of Hydrocolloids, Phillips, G.; Williams, P., Eds. CRC Press: 2009; pp 108-141.

20. Manners, D. J., Recent developments in our understanding of amylopectin structure (Desenvolvimentos recentes na nossa compreensão da estrutura da amilopectina). Carbohydrate Polymers 1989, 11 (2), 87-112.

21. Zobel, H. F., Molecules to Granules: A Comprehensive Starch Review. Starch - Starke 1988, 40 (2), 44-50.

22. Buleon, A.; Colonna, P.; Planchot, V.; Ball, S., Starch granules: structure and biosynthesis. InternationalJjournal of Biological Macromolecules 1998, 23 (2), 85-112.

23. Hizukuri, S., Relationship between the distribution of the chain length of amylopectin and the crystalline structure of starch granules (Relação entre a distribuição do comprimento da cadeia de amilopectina e a estrutura cristalina dos grânulos de amido). Carbohydrate Research 1985, 141 (2), 295-306.

24. Miguel, A. S. M.; Lobo, B. W. P.; da Costa Figueiredo, E. V.; Dellamora-Ortiz, G. M.; Martins-Meyer, T. S., Enzimas em panificação: tendências actuais e futuras. In Indústria Alimentar, Muzzalupo, I., Ed. INTECH Open Access Publisher: 2013.

25. Tetlow, I. J., Starch biosynthesis in developing seeds (Biossíntese de amido em sementes em desenvolvimento). Seed Science Research 2011, 21 (01), 5-32.

26. Parker, R.; Ring, S. G., Aspects of the Physical Chemistry of Starch. Journal of Cereal Science 2001, 34 (1), 1-17.

27. Jane, J.-l., Capítulo 6 - Características estruturais dos grânulos de amido II. Em Starch (Third Edition), BeMiller, J.; Whistler, R., Eds. Academic Press: San Diego, 2009; pp 193-236.

28. Jacobs, H.; Delcour, J. A., Hydrothermal Modifications of Granular Starch, with Retention of the Granular Structure: A Review. Journal of Agricultural and Food Chemistry 1998, 46 (8), 2895-2905.

29. Jenkins, P.; Comerson, R.; Donald, A.; Bras, W.; Derbyshire, G.; Mant, G.; Ryan, A., Dispersão simultânea in situ de raios X de pequeno e grande ângulo: Uma nova técnica para estudar a gelatinização do amido. Journal of Polymer Science Part B: Polymer Physics 1994, 32 (8), 1579-1583.

30. Buleon, A.; Colonna, P., Comportamento físico-químico do amido em aplicações alimentares. Em The chemical physics of food, Belton, P., Ed. Blackwell Publishing Ltd, Oxford: 2007; pp 20-67.

31. Perez, S.; Baldwin, P. M.; Gallant, D. J., Chapter 5 - Structural Features of Starch Granules I. In Starch (Third Edition), BeMiller, J.; Whistler, R., Eds. Academic Press: San Diego, 2009; pp 149-192.

32. Tester, R. F.; Karkalas, J.; Qi, X., Starch-composition, fine structure and architecture. Jornal de Ciência dos Cereais 2004, 39 (2), 151-165.

33. Biliaderis, C. G., Capítulo 8 - Transições Estruturais e Propriedades Físicas Relacionadas do Amido. Em Starch (Third Edition), BeMiller, J.; Whistler, R., Eds. Academic Press: San Diego, 2009; pp 293-372.

34. Ratnayake, W. S.; Jackson, D. S., Uma nova visão sobre o processo de gelatinização de amidos nativos. Carbohydrate Polymers 2007, 67 (4), 511-529.

35. Ring, S. G., Alguns estudos sobre a gelificação do amido. Starch - Starke 1985, 37 (3), 80-83.

36. Marchant, J. L.; Blanshard, J. M. V., Studies of the Dynamics of the Gelatinization of Starch Granules Employing a Small Angle Light Scattering System. Starch - Starke 1978, 30 (8), 257-264.

37. Swinkels, J. J. M., Composition and Properties of Commercial Native Starches (Composição e propriedades dos amidos nativos comerciais). Starch - Starke 1985, 37 (1), 1-5.

38. Bemiller, J. N., Starch modification: challenges and prospects (Modificação do amido: desafios e perspectivas). Starch-Starke 1997, 49 (4), 127-131.

39. Chiu, C.-w.; Solarek, D., Chapter 17 - Modification of Starches. Em Starch (Third Edition), BeMiller, J.; Whistler, R., Eds. Academic Press: San Diego, 2009; pp 629-655.

40. Bhandari, B. R.; Patel, K. C.; Chen, X. D., Spray drying of food materials-Process and product characteristics. Em Drying technologies in food processing, Xiao Dong Chen, A. S. M., Ed. Blackwell Publishing Ltd: Oxford, 2008; pp 113-159.

41. BuchiLabortechnikAG, Mini Spruhtrockner B-290. 2014.

42. Atkins, P. W., Physikalische chemie. Wiley-VCH Verlag GmbH: Weinheim, 2004.

43. Urlacher, B.; Noble, O., Xanthan gum. Em Thickening and gelling agents for food, Imeson, A., Ed. Aspen Publisher: Nova Iorque, 1999; pp 284-311.

44. Sworn, G., Xanthan gum. Em Food Stabilisers, Thickeners and Gelling Agents, Imeson, A., Ed. Wiley-Blackwell: Oxford, 2010; pp 325-342.

45. Moorhouse, R.; Walkinshaw M, D.; Arnott, S., Xanthan Gum?Molecular Conformation and Interactions. Em Extracellular Microbial Polysaccharides, AMERICAN CHEMICAL SOCIETY: 1977; Vol. 45, pp 90-102.

46. Norton, I. T.; Goodall, D. M.; Frangou, S. A.; Morris, E. R.; Rees, D. A., Mechanism and dynamics of conformational ordering in xanthan

polysaccharide. Journal of Molecular Biology 1984, 175 (3), 371-394.

47. Nordqvist, D.; Vilgis, T. A., Estudo reológico do processo de gelificação de soluções à base de agarose. Food Biophysics 2011, 6 (4), 450-460.

48. Vilgis, T. A., Hydrocolloids between soft matter and taste: A física dos polímeros culinários. Revista Internacional de Gastronomia e Ciência dos Alimentos 2012, 1 (1), 4653.

49. Edwards, S. F.; Vilgis, T., The Dynamics of the Glass Transition. Physica Scripta 1986, 1986 (T13), 7.

50. Russ, N.; Zielbauer, B. I.; Koynov, K.; Vilgis, T. A., Influência de hidrocolóides não gelificantes na gelificação de agarose. Biomacromolecules 2013, 14 (11), 4116-4124.

51. Russ, N.; Zielbauer, B. I.; Vilgis, T. A., Impacto da sacarose e da trealose em diferentes sistemas de agarose-hidrocolóide. Food Hydrocolloids 2014, 41 (0), 44-52.

52. Blakemore, W. R.; Harpell, A. R., Carrageenan. In Food stabilisers, thickeners and gelling agents, Imeson, A. P., Ed. Wiley-Blackwell: Oxford, 2010; p 73.

53. Piculell, L., Gelling carrageenans. Em Food polysaccharides and their applications, Stephen, A. M., Phillips, Glyn O., Williams, Peter A., Ed. CRC Press: Boca Raton, FL, 2006; pp 239-287.

54. Rees, D. A.; Welsh, E. J., Secondary and Tertiary Structure of Polysaccharides in Solutions and Gels. Angewandte Chemie International Edition em inglês 1977, 16 (4), 214-224.

55. Fox, J., Seed gums. Em Thickening and gelling agents for food, Imeson, A. P., Ed. Aspen Publisher: Gaithersburg, 1999; pp 262-283.

56. Chaisawang, M.; Suphantharika, M., Colagem e propriedades reológicas de amidos de tapioca nativos e aniónicos modificados por goma de guar e goma xantana. Food Hydrocolloids 2006, 20 (5), 641-649.

57. Conde-Petit, B.; Pfirter, A.; Escher, F., Influência da xantana nas propriedades reológicas de sistemas aquosos de amido-emulsionante. Food Hydrocolloids 1997, 11 (4), 393-399.

58. Eidam, D.; Kulicke, W.-M.; Kuhn, K.; Stute, R., Formation of Maize Starch Gels Selectively Regulated by the Addition of Hydrocolloids. Starch - Starke 1995, 47 (10), 378-384.

59. Mandala, I.; Michon, C.; Launay, B., Comportamentos de fase e reológicos de sistemas mistos de xantana/amilose e xantana/amido. Carbohydrate Polymers 2004, 58 (3), 285-292.

60. Savary, G.; Handschin, S.; Conde-Petit, B.; Cayot, N.; Doublier, J.-L., Structure of polysaccharide-starch composite gels by rheology and confocal

laser scanning microscopy: Efeito da composição e do procedimento de preparação. Food Hydrocolloids 2008, 22 (4), 520-530.

61. Tischer, P. C. S. F.; Noseda, M. D.; de Freitas, R. A.; Sierakowski, M. R.; Duarte, M. E. R., Efeitos da iota-carragenina nas propriedades reológicas de amidos. Carbohydrate Polymers 2006, 65 (1), 49-57.

62. Tolstoguzov, V., Thermodynamic considerations of starch functionality in foods (Considerações termodinâmicas sobre a funcionalidade do amido nos alimentos). Carbohydrate Polymers 2003, 51 (1), 99-111.

63. Biliaderis, C. G.; Arvanitoyannis, I.; Izydorczyk, M. S.; Prokopowich, D. J., Effect of Hydrocolloids on Gelatinization and Structure Formation in Concentrated Waxy Maize and Wheat Starch Gels. Starch - Starke 1997, 49 (7-8), 278-283.

64. Elias, H., Macromolecules; Vol. 3: Physical Structures and Properties. Wiley- VCH: Weinheim, 2008.

65. Coupland, J. a. E., Rammilie, Polymers. Em An Introduction to the Physical Chemistry of Food, Coupland, J., Ed. Springer: New-York, 2014; pp 107-130.

66. Koltzenburg, S.; Maskos, M.; Nuyken, O., Polymere: Synthese, Eigenschaften und Anwendungen. Springer: 2014.

67. Tolstoguzov, V., Phase behavior in mixed polysaccharide systems. Em Food polysaccharides and their applications, Stephen, A. M.; Phillips, G. O., Eds. CRC Press: Boca Raton, 2006; pp 589-627.

68. Manias, E. a. U., L.A., Thermodynamics of polymer blends. Em Polymer blends handbook, Utracki, L. A. a. W., C.A., Ed. Springer: 2014; pp 171-289.

69. Conde-Petit, B., Características estruturais do amido nos alimentos: Uma abordagem polimérica e coloidal. Laboratório de Química Alimentar e Tecnologia Alimentar: Zurique, 2001.

70. De Gennes, P. G., Scaling concepts in polymer physics (Conceitos de escala na física dos polímeros). Cornell University Press: Nova Iorque, 1979.

71. Kalichevsky, M. T.; Ring, S. G., Incompatibilidade de amilose e amilopectina em solução aquosa. Carbohydrate Research 1987, 162 (2), 323-328.

72. Tolstoguzov, V., Comportamento de fase de componentes macromoleculares em sistemas biológicos e alimentares. Food / Nahrung 2000, 44 (5), 299-308.

73. Tolstoguzov, V., Algumas considerações termodinâmicas na formulação de alimentos. Food Hydrocolloids 2003, 17 (1), 1-23.

74. Zasypkin, D.; Braudo, E.; Tolstoguzov, V., Géis de biopolímeros multicomponentes. Food Hydrocolloids 1997, 11 (2), 159-170.

75. Miles, M. J.; Morris, V. J.; Orford, P. D.; Ring, S. G., The roles of amylose and amylopectin in the gelation and retrogradation of starch. Carbohydrate

research 1985, 135 (2), 271-281.

76. Cairns, P.; Miles, M. J.; Morris, V. J.; Brownsey, G. J., X-Ray fibre-diffraction studies of synergistic, binary polysaccharide gels. Carbohydrate Research 1987, 160 (0), 411-423.

77. Fischer, P.; Windhab, E. J., Rheology of food materials. Opinião atual em Ciência dos Colóides e das Interfaces 2011, 16 (1), 36-40.

78. Mezger, T., Das Rheologie Handbuch: Fur Anwender von Rotations-und Oszillations-Rheometern. Vincentz Network GmbH & Company KG: Hannover, 2010.

79. Ferry, J. D., Viscoelastic properties of polymers (Propriedades viscoelásticas dos polímeros). John Wiley & Sons: 1980.

80. Rao, M. A., Introdução: reologia e estrutura dos alimentos. Em Rheology of Fluid, Semisolid, and Solid Foods, Springer: 2014; pp 1-26.

81. Rao, M. A., Modelos de fluxo e funcionais para propriedades reológicas de alimentos fluidos. Em Rheology of Fluid, Semisolid, and Solid Foods, Springer: 2014; pp 27-61.

82. Graessley, W., The entanglement concept in polymer rheology (O conceito de emaranhamento na reologia de polímeros). Em The Entanglement Concept in Polymer Rheology, Springer Berlin Heidelberg: 1974; Vol. 16, pp 1-179.

83. Vilgis, T. A., Soft matter food physics-the physics of food and cooking. Relatórios de Progresso em Física 2015, 78 (12), 124602.

84. (a) Einstein, A., Eine neue Bestimmung der Molekuldimensionen. Annalen der Physik 1906, 324 (2), 289-306; (b) Einstein, A., Berichtigung zu meiner Arbeit: "Eine neue Bestimmung der Molekuldimensionen". Annalen der Physik 1911, 339 (3), 591-592.

85. Ross-Murphy, S. B., Métodos reológicos. Em Physical techniques for the study of food biopolymers, Ross-Murphy, S. B., Ed. Springer: 1994; pp 343-392.

86. Lin, Y.-H., Polymer viscoelasticity: basics, molecular theories and experiments. World Scientific Publishing Co. Pte. Ltd.: 2003.

87. Rao, M. A., Rheology of Food Gum and Starch Dispersions. Em Rheology of Fluid, Semisolid, and Solid Foods, Springer US: 2014; pp 161-229.

88. Whistler, R. L., Introduction to industrial gums. Em Industrial gums: polysaccharides and their derivatives, BeMiller, J. N.; Whistler, R. L., Eds. Academic Press: 1993; pp 1-20.

89. Dickie, R., Compósitos heterogéneos de polímero e polímero. I. Teoria das propriedades viscoelásticas e modelos mecânicos equivalentes. Journal of Applied Polymer Science 1973, 17 (1), 45-63.

90. Manson, J. A.; Sperling, L. H., Polymer blends and composites. Springer

Science & Business Media: 1976.

91. Nielsen, L.; Landel, R., Particulate-filled polymers. Em Mechanical properties of polymers and composites, Marcel Dekker Inc New York: 1994; Vol. 2, pp 377460.

92. Wang S, Li C, Copeland L, Niu Q, Wang S. Starch retrogradation: Uma revisão exaustiva. Revisões abrangentes em ciência alimentar e segurança alimentar. 2015;14:568-585

93. Qiu S, Yadav MP, Chen H, Liu Y, Tatsumi E, Yin L. Efeitos da goma de fibra de milho (CFG) nos comportamentos térmicos e de colagem do amido de milho. Carbohydrate Polymers (Polímeros de hidratos de carbono). 2015;115:246-252

94. Chaisawang M, Suphantharika M. Effects of guar gum and xanthan gum additions on physical and rheological properties of cationic tapioca starch. Carbohydrate Polymers. 2005;61:288-295

95. Achayuthakan P, Suphantharika M. Pasting and rheological properties of waxy corn starch as affected by guar gum and xanthan gum. Carbohydrate Polymers. 2008;71:9-17

96. Funami T, Kataoka Y, Noda S, Hiroe M, Ishihara S, Asai I, et al. Funções da goma de feno-grego com vários pesos moleculares nos comportamentos de gelatinização e retrogradação do amido de milho-1: Caracterizações da goma de feno-grego e investigações do sistema composto de amido de milho/goma de feno-grego numa concentração de amido relativamente elevada; 15w/v%. Food Hydrocolloids. 2008;22:763-776

97. Funami T, Kataoka Y, Omoto T, Goto Y, Asai I, Nishinari K.Os hidrocolóides alimentares controlam o comportamento de gelatinização e retrogradação do amido. 2a. Funções das gomas de guar com diferentes pesos moleculares no comportamento de gelatinização do amido de milho. Food Hydrocolloids. 2005;19:15-24

98. Dartois A, Singh J, Kaur L, Singh H. Influência da goma de guar na digestibilidade in vitro do amido - características reológicas e microestruturais. Food Biophysics. 2010;5:149-160

99. Ai Y, Jane JI. Gelatinização e propriedades reológicas do amido. Starch-Starke. 2015;67: 213-224

100. Wang B, Wang L-J, Li D, Ozkan N, Li S-J, Mao Z-H. Propriedades reológicas de misturas de amido de milho ceroso e goma xantana na presença de sacarose. Carbohydrate Polymers. 2009;77:472-481

101. Sikora M, Krystyjan M, Tomasik P, Krawontka J. Pastas mistas de amidos com goma de guar. Polimery. 2010;55:582-590

102. Steffe JF. Rheological methods in food process engineering. East Lansing, MI, EUA: Freeman press; 1996.

103. Ozkan N, Xin H, Chen XD. Aplicação de um ensaio de dureza por indentação com sensor de profundidade para avaliar as propriedades mecânicas de materiais alimentares. Journal of Food Science. 2002;**67**:1814-1820

104. Amini AM, Razavi SMA, Mortazavi SA. Propriedades morfológicas, físico-químicas e viscoelásticas do amido de milho sonicado. Polímeros de hidratos de carbono. 2015; **122**:282-292

105. Robyt JF. Starch: Estrutura, propriedades, química e enzimologia. In: Fraser-Reid BO, Tatsuta K, Thiem J, editores. Glycoscience: Chemistry and Chemical Biology. Berlim, Heidelberg: Springer Berlin Heidelberg; 2008. p. 1437-1472.

106. Xie F, Halley PJ, Averous L. Rheology to understand and optimize processibility, structures and properties of starch polymeric materials. Progresso na ciência dos polímeros. 2012;**37**:595-623

107. Colonna P, Buleon A. Transições térmicas de amidos e féculas. In: Bertolini AC, editor. Starches: Characterization, Properties, and Applications. 1ª edição. Boca Raton, FL: CRC Press; 2010. pp. 71-102

108. Ahmed J, Ramaswamy HS, Ayad A, Alli I. Thermal and dynamic rheology of insoluble starch from basmati rice (Reologia térmica e dinâmica do amido insolúvel do arroz basmati). Food Hydrocolloids. 2008;**22**:278-287

109. Liu C-M, Liang R-H, Dai T-T, Ye J-P, Zeng Z-C, Luo S-J, et al. Efeito da fibra alimentar insolúvel modificada por microfluidização dinâmica de alta pressão na gelatinização e reologia do amido de arroz. Food Hydrocolloids. 2016;**57**:55-61

110. Singh N, Singh J, Kaur L, Singh Sodhi N, Singh GB. Morphological, thermal and rheological properties of starches from different botanical sources (Propriedades morfológicas, térmicas e reológicas de amidos de diferentes fontes botânicas). Food Chemistry. 2003;**81**:219-231

111. Yousefi A, Razavi S. Dynamic rheological properties of wheat starch gels as affected by chemical modification and concentration (Propriedades reológicas dinâmicas dos géis de amido de trigo afectadas pela modificação química e pela concentração). Starch-Starke. 2015;**67**:567-576

112. Jane J, Chen Y, Lee L, McPherson A, Wong K, Radosavljevic M, et al. Effects of amylopectin branch chain length and amylose content on the gelatinization and pasting properties of starch 1. Cereal Chemistry. 1999; **76**:629-637

113. Singh J, Singh N. Studies on the morphological, thermal and rheological properties of starch separated from some Indian potato cultivars. Food

Chemistry. 2001;**75**:67-77

114. Singh N, Singh J, Kaur L, Sodhi NS, Gill BS. Morphological, thermal and rheological properties of starches from different botanical sources (Propriedades morfológicas, térmicas e reológicas de amidos de diferentes fontes botânicas). Food Chemistry. 2003;**81**:219-231

24. Lii C-Y, Tsai M-L, Tseng K-H. Efeito do teor de amilose na propriedade reológica do amido de arroz. Cereal chemistry. 1996;**73**:415-420

115. Hong Y, Zhu L, Gu Z. Efeitos do açúcar, do sal e do ácido nas combinações de amido de tapioca e goma xantana de tapioca. Starch-Starke. 2014;**66**:436-443

116. Tako M, Tamaki Y, Teruya T, Takeda Y. Os Princípios da Gelatinização e Retrogradação do Amido. Food and Nutrition. 2014;**5**:280-291.

117. Prajapati VD, Jani GK, Moradiya NG, Randeria NP, Nagar BJ, Naikwadi NN, et al. Galactomanano: A versatile biodegradable seed polysaccharide. Revista Internacional de Macromoléculas Biológicas. 2013;**60**:83-92

118. Sittikijyothin W, Torres D, Goncalves M. Modelação do comportamento reológico de soluções aquosas de galactomanano. Carbohydrate Polymers. 2005;**59**:339-350

119. Funami T. Funções dos polissacáridos alimentares para controlar os comportamentos de gelatinização e retrogradação do amido num sistema aquoso em relação às características macromoleculares dos polissacáridos alimentares. Investigação em Ciência e Tecnologia Alimentar. 2009;**15**:557-568

120. Alloncle M, Lefebvre J, Llamas G, Doublier J. Caracterização reológica de misturas de amido de cereais e galactomanano. Química dos Cereais. **19896**;**6**:90-93

121. Samutsri W, Suphantharika M. Effect of salts on pasting, thermal, and rheological properties of rice starch in the presence of non-ionic and ionic hydrocolloids. Polímeros de hidratos de carbono. 2012;**87**:1559-1568

122. Yoo D, Kim C, Yoo B. Reologia de cisalhamento estável e dinâmica de misturas de amido de arroz e galactomanano. Starch-Starke. 2005;**57**:310-318

123. Sajjan SU, Rao MR. Effect of hydrocolloids on the rheological properties of wheat starch (Efeito dos hidrocolóides nas propriedades reológicas do amido de trigo). Carbohydrate Polymers. 1987;**7**:395-402

124. Srinivasan K. Feno-grego (*Trigonella foenum-graecum*): Uma revisão dos efeitos fisiológicos benéficos para a saúde. Food Reviews International. 2006;**22**:203-224

125. Kim C, Lee SP, Yoo B. Reologia dinâmica de misturas de amido de arroz-galactomanano no processo de envelhecimento. Starch-Starke. 2006;**58**:35-43

126. Sudhakar V, Singhal R, Kulkarni P.Interacções amido-galactomanano: Funcionalidade e aspectos reológicos. Food Chemistry. 1996;**55**:259-264

127. Lundin L, Golding M, Wooster TJ. Compreender a estrutura e a função dos alimentos no desenvolvimento de alimentos para controlo do apetite. Nutrition & Dietetics. 2008;**65**:S79-S85

128. Blackburn N, Holgate A, Read N. Does guar gum improve post-prandial hyperglycaemia in humans by reducing small intestinal contact area? British Journal of Nutrition. 1984;**52**:197-204

129. Jenkins D, Wolever T, Leeds AR, Gassull MA, Haisman P, Dilawari J, et al. Dietary fibres,fibre analogues, and glucose tolerance: importance of viscosity. British Medical Journal. 1978;**1**:1392-1394

130. Salmeron J, Ascherio A, Rimm EB, Colditz GA, Spiegelman D, Jenkins DJ, et al. Fibra alimentar, carga glicémica e risco de NIDDM nos homens. Diabetes Care. 1997;**20**:545-550

131. Jaime-Fonseca MR. Uma Compreensão de Engenharia do Intestino Delgado. Universidade de
Birmingham; 2012

132. Dhingra D, Michael M, Rajput H, Patil R. Dietary fibre in foods: A review. Journal of food Science and Technology. 2012;**49**:255-266

133. Ryttig K. Dietary fibre and weight control In: Mela DJ, editor. Food, Diet and Obesity (Alimentação, Dieta e Obesidade). 1ª ed., Boca Raton, EUA. Boca Raton, EUA: Woodhead Publishing; 2005. p. 311-328.

134. Anttila H, Sontag-Strohm T, Salovaara H. Viscosity of beta-glucan in aat products. Agricultural and Food Science. 2004;**13**:80-87

135. Brownlee IA. The physiological roles of dietary fibre (As funções fisiológicas da fibra alimentar). Food Hydrocolloids. 2011;**25**:238-250

136. Kong F, Singh R.Desintegração de alimentos sólidos no estômago humano. Journal of food science.2008;**73**:67-80.

137. Mudgil D, Barak S, Khatkar BS.Goma de guar: processamento, propriedades e aplicações alimentares - uma revisão. Journal of food Science and technology. 2014;**51**:409- 418.

138. Brenelli S, Campos S, Saad M. Viscosidade de gomas in vitro e sua capacidade de reduzir a hiperglicemia pós-prandial em indivíduos normais. Jornal Brasileiro de Pesquisas Médicas e Biológicas. 1997;**30**:1437-1440

139. Barak S, Mudgil D. Goma de alfarroba: Processamento, propriedades e aplicações alimentares - uma revisão. Jornal Internacional de Macromoléculas Biológicas. 2014;**66**:74-80

140. Wani SA, Kumar P. Fenugreek: Uma revisão sobre as suas propriedades nutracêuticas e utilização em vários produtos alimentares. Jornal da Sociedade

Saudita de Ciências Agrícolas. 2016

141. Basch E, Ulbricht C, Kuo G, Szapary P, Smith M.Therapeutic applications of fenugreek. Alternative Medicine Review. 2003;8:20-27

142. Singh J, Dartois A, Kaur L.Starch digestibility in food matrix: A review. Tendências em Ciência e Tecnologia Alimentar. 2010;21:168-180

143. Tester R, Sommerville M. The effects of non-starch polysaccharides on the extent of gelatinisation, swelling and a-amylase hydrolysis of maize and wheat starches. Food Hydrocolloids. 2003;17:41-54

144. Bordoloi A, Singh J, Kaur L. Digestibilidade in vitro do amido em batatas cozidas afetada pela goma de guar: Características microestruturais e reológicas. Food Chemistry. 2012;133:1206-1213

145. Aravind N, Sissons M, Fellows CM.Effect of soluble fibre (guar gum and carboxymethylcellulose) addition on technological, sensory and structural properties of durum wheat spaghetti. Food Chemistry. 2012;131:893-900

146. Fabek H, Messerschmidt S, Brulport V, Goff HD. O efeito dos processos digestivos in vitro na viscosidade das fibras alimentares e a sua influência na difusão da glucose. Food Hydrocolloids. 2014;35:718-726

147. Brennan CS, Suter M, Luethi T, Matia-Merino L, Qvortrup J. The relationship between wheat flour and starch pasting properties and starch hydrolysis: Efeito dos polissacáridos sem amido num sistema de gel de amido. Starch-Starke. 2008;60:23- 33

148. Castells M, Marin S, Sanchis V, Ramos A. Fate of mycotoxins in cereals during extrusion cooking: A review. Food Additives and Contaminants. 2005;22:150- 157

149. Chiu C-W, Solarek D. Modificação de amidos e féculas. In: Whistler RL, Bemiller JN, editor. Starch Chemistry and Technology. 3ª ed., Orlando, FL. Orlando, FL: Academic Press; 2009. pp. 629-655.

150. Adamu B. Amido resistente derivado de amido de milho extrudido e goma de guar afetado por ácido e tensioactivos: Caracterização estrutural. Starch-Starke. 2001;53:582-591

151. Fox JE. Gomas de sementes. Em: Imeson A, editor. Thickening and Gelling Agents for Food. Londres, Reino Unido: Blackie Academic & Professional; 1992. pp. 153-170

152. Brennan MA, Merts I, Monro J, Woolnough J, Brennan CS. Impacto da guar e do farelo de trigo na qualidade física e nutricional dos cereais de pequeno-almoço extrudidos. Starch-Starke. 2008;60:248-256

153. Parada J, Aguilera JM, Brennan C. Efeito do teor de goma de guar em algumas propriedades físicas e nutricionais de produtos extrudidos. Journal of

Food Engineering. 2011;**103**:324-332

154. von Borries-Medrano E, Jaime-Fonseca MR, Aguilar-Mendez MA. Goma de amido-guar
extrudados: Microestrutura, propriedades físico-químicas e digestão in-vitro. Alimentos
Química. 2016;**194**:891-899

155. M. Sharma, D. N. Yadav, A. K. Singh e S. K. Tomar, Efeito do tratamento calor-humidade no teor de amido resistente, bem como na estabilidade ao calor e ao cisalhamento do amido de milheto de pérola, Investigação Agrícola. 4, 411-419 (2015).

156. H. Wang, Y. Liu, L. Chen, X. Li, J. Wang e F. Xie, Insights sobre a estrutura em várias escalas e a digestibilidade do amido de arroz tratado com calor e humidade, Food Chem. 242, 323-329 (2018).

157. S. Barua, A. Hanewald, M. Mezger, P. P. Srivastav, T. A. Vilgis, Insights sobre o comportamento estrutural, térmico, cristalino e reológico de vários amidos de inhame pé de elefante (Amorphophallus paeoniifolius) modificados hidrotermicamente, Food Hydrocoll. 107672 (2022).

158. Q. Wang, L. Li e X. Zheng, Recent advances in heat-moisture modified cereal starch: Estrutura, funcionalidade e suas aplicações em sistemas alimentares ricos em amido, Food Chem. 344, 128700 (2021).

159. Z. Sui, T. Yao, Y. Zhao, X. Ye, X. Kong e L. Ai, Effects of heat-moisture treatment reaction conditions on the physicochemical and structural properties of maize starch: Humidade e duração do aquecimento, Food Chem. 173, 1125-1132 (2015).

160. D. Deka e N. Sit, Dual modification of taro starch by microwave and other heat moisture
tratamentos, Int J Biol Macromol. 92, 416-422 (2016).

161. S. Barua e P. Srivastav, Efeito do tratamento de calor e humidade nas propriedades funcionais e térmicas do amido resistente do feijão mungo (Vigna radiate), Journal of Nutritional Health & Food Engineering. 7, 358-363 (2017).

162. M. zhu Zheng, Y. Xiao, S. Yang, H. min Liu, M. hong Liu, S. Yaqoob, X. ying Xu e J. sheng Liu, Efeitos dos tratamentos de calor-humidade, autoclavagem e micro-ondas nas propriedades físico-químicas do amido de milho proso, Food Sci Nutr. 8, 735-743 (2020).

163. S. Barua, M. Rakshit e P. P. Srivastav, Otimização e modelação do digestograma do amido de inhame-pata-de-elefante (Amorphophallus paeoniifolius) modificado hidrotermicamente utilizando tratamentos com forno de ar quente, autoclave e micro-ondas, LWT- Food Science and Technology. 145, 111283 (2021).

164. J. Ahmed, H. S. Ramaswamy e K. C. Sashidhar, Características reológicas do tamarindo
(Tamarindus indica L.) concentrados de sumo, LWT - Food Science and Technology. 40, 225-231 (2007).
165. Z. Liu, L. Chen, P. Bie, F. Xie e B. Zheng, Uma visão sobre a evolução estrutural das cadeias de amido de milho ceroso durante o crescimento com base na reologia não linear, Food Hydrocoll. 116, 106655 (2021).
166. O. C. Duvarci, G. Yazar e J. L. Kokini, A comparação do comportamento LAOS de materiais alimentares estruturados (suspensões, emulsões e redes elásticas), Trends Food Sci Technol. 60, 2-11 (2017).
167. H. S. Melito, C. R. Daubert e E. A. Foegeding, Relating large amplitude oscillatory shear and food behavior: Correlação do comportamento não linear viscoelástico, reológico, sensorial e de processamento oral de géis de proteína isolada de soro de leite/κ-carragenina, J Food Process Eng. 36, 521-534 (2013).
169. S. Precha-Atsawanan, D. Uttapap e L. M. C. Sagis, Comportamento reológico linear e não linear de géis de amido de arroz ceroso nativo e debranched, Food Hydrocoll. 85, 1-9 (2018).
170. S. Sukhija, S. Singh e C. S. Riar, Efeito da oxidação, reticulação e modificação dupla nas características físico-químicas, cristalinas, morfológicas, de pastelaria e térmicas do amido de inhame pé de elefante (Amorphophallus paeoniifolius), Food Hydrocoll. 55, 56-64 (2016).
171. F. M. Bhat e C. S. Riar, Efeito da amilose, tamanho de partícula e morfologia na funcionalidade de amidos de cultivares tradicionais de arroz, Int J Biol Macromol. 92, 637-644 (2016).
172. V. Marboh e C. L. Mahanta, Propriedades físico-químicas e reológicas e digestibilidade in vitro de amido de tubérculo de sohphlang (Flemingia vestita) tratado com humidade pelo calor e recozido, Int J Biol Macromol. 168, 486-495 (2021).
173. J. Ahmed, H. Al-attar e Y. A. Arfat, Efeito do tamanho das partículas nas propriedades composicionais, funcionais, de pastelaria e reológicas da farinha de castanha de água comercial, Food Hydrocoll. 52, 888-895 (2016).
174. G. Luciano, S. Berretta, K.H. Liland, G.J. Donley e S.A. Rogers, Oreo: Um pacote R para análise oscilatória de grande amplitude, SoftwareX, 15, 100769 (2021).
175. S.I. Rafiq, S. Singh, e D.C. Saxena, Efeito do tratamento calor-humidade e ácido nas propriedades físico-químicas, de pastelaria, térmicas e morfológicas do amido de Castanha da Índia (Aesculus indica), Food Hydrocoll. 57, 103-113 (2016).
176. T.A. Vilgis, Soft matter food physics-the physics of food and cooking,

Reports on Progress in Physics. 78(12), 124602 (2015).

177. K. Tong, G. Xiao, W. Cheng, J. Chen, P. Sun, Comportamento de cisalhamento oscilatório de grande amplitude e procedimento de gelificação de goma gelana de alto e baixo teor de acilo em solução aquosa, Carbohydr. Polym. 199, 397-405 (2018).

178. N. Russ, B. I. Zielbauer, M. Ghebremedhin e T. A. Vilgis, amido de tapioca pré-gelatinizado e suas misturas com goma xantana e i-carragenina, Food Hydrocoll. 56, 180-188 (2016).

179. T.A. Vilgis, Polymeric fractals and the unique treatment of polymers, Journal de Physique. 49(9), 1481-1483 (1998a).

180. T.A. Vilgis, (1988), Flory theory of polymeric fractals-intersection, saturation and condensation. Physica A: Statistical Mechanics and its Applications. 153(3), 341354 (1988b).

181. Q. Huang,O. Mednova, H. K. Rasmussen, N. J. Alvarez, A. L. Skov, K. Almdal e O. Hassager, Concentrated polymer solutions are different from melts: Papel do peso molecular emaranhado. Macromolecules. 46(12), 5026-5035 (2013).

Printed by Books on Demand GmbH, Norderstedt / Germany